CH. RAYNERI

MANUEL

DES

CAISSES RÉGIONALES

DE

CRÉDIT AGRICOLE MUTUEL

PRIX : 3 Fr.

Vendu au profit du Centre Fédératif du Crédit Populaire
en France

PARIS

LIBRAIRIE GUILLAUMIN ET Cie

Éditeurs de la Collection des principaux Économistes, du Journal des Économistes
du Dictionnaire de l'Économie politique
Du Dictionnaire universel du Commerce et de la Navigation.
RUE RICHELIEU, 14

1899

MANUEL DES CAISSES RÉGIONALES

DE

CRÉDIT AGRICOLE MUTUEL

DU MÊME AUTEUR

LES BANQUES POPULAIRES. Conférence faite à Nice pour la fondation de la Banque populaire de Nice (1890).

NOTICE SUR LA BANQUE POPULAIRE DE MENTON (1891).

NOTICE SUR L'ORIGINE DE LA BANQUE POPULAIRE DE NICE (1892).

LE DRAINAGE DE L'ÉPARGNE ET LES BANQUES-POPULAIRES. Conférence au Ve Congrès du crédit populaire (Toulouse 1893).

LE CRÉDIT AGRICOLE PAR L'ASSOCIATION COOPÉRATIVE. Manuel à l'usage des fondateurs et des administrateurs de sociétés de crédit agricole. 1re édition 1894. — 2e édition 1896. Prix 1 fr. 50.

LES CAISSES AGRICOLES A SOLIDARITÉ. Conférence donnée à Cagnes (1894).

LE CRÉDIT AGRICOLE PRATIQUE. Conférence au VIe Congrès du crédit populaire (Bordeaux 1894).

LES BANQUES POPULAIRES, LEUR ROLE ET LEUR UTILITÉ. Conférence donnée à Toulouse pour la fondation de la Banque Toulousaine de crédit populaire (1894).

LES BANQUES POPULAIRES ET LEUR ROLE TANT AU PROFIT DU COMMERCE ET DE L'AGRICULTURE, QUE COMME INSTRUMENTS DE DÉCENTRALISATION ÉCONOMIQUE. Conférence à Antibes pour la fondation de la Banque Populaire et Agricole d'Antibes (1895).

BULLETIN DU CRÉDIT POPULAIRE (1893-1894-1895-1896-1897-1898-1899). Publication mensuelle, en collaboration avec M. Benoît-Lévy, et à partir de 1896, sous sa seule direction.

COMPTES-RENDUS IN EXTENSO DES CONGRÈS DE MENTON, TOULOUSE, BORDEAUX, NIMES, CAEN, LILLE ET ANGOULÈME, mis en ordre et revus en collaboration avec M. Eugène Rostand.

MANUEL DES BANQUES POPULAIRES, Paris, Guillaumin et Cie 1896. Prix 5 francs.

MODES DIVERS DE RÉALISATION DU CRÉDIT AGRICOLE PAR L'INITIATIVE PRIVÉE. Conférence donnée à Caen à l'occasion du VIIIe Congrès du crédit populaire et agricole (1896).

DE L'ORIGINE, DU ROLE DES BANQUES POPULAIRES ET DE LEUR UTILITÉ NOTAMMENT AU PROFIT DU PETIT COMMERCE. Conférence donnée à Lille à l'occasion du IXe Congrès du crédit populaire et agricole (1897).

LA PRÉVOYANCE SOCIALE EN ITALIE. En collaboration avec MM. Léopold Mabilleau et Comte de Rocquigny. Paris, Armand Colin et Cie (1898).

LES SOURCES NOURRICIÈRES DU CRÉDIT POPULAIRE ET AGRICOLE ET LE PROJET DE LOI SUR LES CAISSES RÉGIONALES DEVANT LE SÉNAT. Rapport présenté au Xe Congrès du Crédit Populaire (1899).

CH. RAYNERI

MANUEL

DES

CAISSES RÉGIONALES

DE

CRÉDIT AGRICOLE MUTUEL

VENDU AU PROFIT

du Centre Fédératif du Crédit Populaire en France

PARIS

LIBRAIRIE GUILLAUMIN ET Cⁱᵉ

Éditeurs de la Collection des principaux Économistes, du Journal des Économistes
du Dictionnaire de l'Économie politique
Du Dictionnaire universel du Commerce et de la Navigation.
RUE RICHELIEU, 14

1899

AVANT-PROPOS

Le 31 mars 1899 a été promulguée une loi ayant pour objet de faciliter la création de caisses régionales de crédit agricole mutuel en leur attribuant, sans intérêt, l'avance de 40 millions et la redevance annuelle à verser au Trésor par la Banque de France.

Des initiatives se sont déjà produites sur divers points, ce qui montre que cette loi est appréciée et fait croire qu'elle sera utilisée. Mais à cause des questions délicates qu'elle peut soulever et de la nouveauté du rouage qu'elle introduit, il convient que les applications qu'on en fera soient bien comprises, afin d'éviter des difficultés et des remaniements ultérieurs.

Toute organisation nouvelle pour être efficace doit pouvoir s'appuyer sur l'expérience. De là l'utilité des manuels, véritables traits d'union entre la pratique et l'initiative dont ils facilitent l'éclosion et l'action féconde.

C'est cette pensée, et le désir de continuer à collaborer à l'œuvre si urgente de la distribution du crédit aux agriculteurs, qui ont encouragé l'auteur de ce modeste travail à l'entreprendre et le Centre Fédératif à le publier.

Nous l'offrons aux groupements syndicaux, aux propagateurs du crédit agricole, aux amis de l'agriculture, avec le souhait qu'il puisse leur être de quelque utilité, et servir avantageusement leur cause, qui est aussi la nôtre.

CHARLES RAYNERI.

INTRODUCTION

Nos principes en matière de crédit populaire et agricole sont aujourd'hui trop connus pour qu'il soit nécessaire de les placer au seuil de la nouvelle contribution que nous voulons apporter à cette œuvre, une des bases essentielles, à nos yeux, des vraies réformes démocratiques.

Initiative individuelle, décentralisation et protection de l'épargne, diffusion de l'esprit de solidarité, conviction que l'appui le plus efficace consiste à savoir s'aider par soi-même, tel est en quelques mots notre *credo*. Nos efforts, depuis bientôt dix-sept ans, n'ont eu en vue que la vulgarisation et l'application successive de ces principes.

Hostiles à toute organisation de crédit centraliste avec intervention de l'État, et même sans cette intervention jusqu'à ce que le nombre des institutions locales et régionales la justifie, nous avons, dès la première heure, préconisé les petites associations locales et leur union étroite avec les syndicats agricoles. Lorsque en 1892, un projet fut déposé en vue de la création d'une banque centrale de crédit agricole et populaire, nous n'avons cessé d'en démontrer l'erreur fondamentale, l'impuissance et les dangers : nous nous y sommes opposés de toute notre énergie (1).

Cette campagne, menée de concert avec les syndicats et leurs unions, a

---

(1) Le récent et retentissant échec d'une vaste entreprise centraliste de crédit agricole est venu confirmer une fois de plus la justesse de nos principes.

abouti à la transformation du projet primitif et à la décentralisation du concours de l'État, la banque centrale étant remplacée par des caisses régionales sans limitation de leur nombre, ni de leur circonscription.

La conception d'une aide de l'État au fonctionnement du crédit agricole, dans un pays où les sources nourricières de ce crédit lui font défaut, étant captées par d'autres organismes, pouvait ne pas être absolument rejetée. Des modifications auraient dû cependant être apportées au projet de loi, entre autres la suppression d'un principe antiéconomique et plein de dangers : la gratuité du crédit. Sa distribution sans le prélèvement d'un intérêt, si modique soit-il, est la destruction même de l'idée du crédit ; elle conduit fatalement à une fausse appréciation des nécessités économiques, à l'imprévoyance, au lieu d'être la montée un peu pénible à franchir, mais qui mène à l'utilisation rationnelle et à la possession graduelle du capital.

C'est ainsi que l'a compris le Xe congrès du crédit populaire et agricole tenu à Angoulême en novembre 1898. Le lecteur trouvera aux Annexes le texte des résolutions adoptées sur ce sujet après deux rapports et une discussion approfondie (1).

Certains de nos vœux pourront, nous en avons l'espoir, devenir le point de départ d'une réforme plus ou moins prochaine, mais qui finira, ce nous semble par s'imposer, de la nouvelle loi.

M. Lourties, l'éminent rapporteur sénatorial, un des plus fervents et des plus compétents champions de la coopération, a reconnu la justesse de nos remarques ; il en aurait, croyons-nous, tenu compte, si ce n'eût été la crainte de renvoyer le projet à la Chambre et de le voir voué au sort de tant d'autres. Persuadé que la loi est appelée à rendre de réels services, à compléter heureusement la législation de 1894, à faire bénéficier un nombre considérable d'agriculteurs des avantages de la loi du 18 juillet 1898 sur les warrants agricoles, et à devenir le point de départ d'une évolution sérieuse de la coopération de crédit agri-

---

(1) Les sources nourricières du crédit populaire et agricole et le projet de loi sur les caisses régionales devant le Sénat, par M. Charles Rayneri. — Du fonctionnement pratique des caisses régionales de crédit agricole, par M. Georges Maurin. — Imprimerie coopérative Mentonnaise, 1899.

cole, le Sénat a préféré voter la loi, se réservant de *l'amender* plus tard si l'expérience en démontre la nécessité (1).

Nous allons donc entrer dans la période d'application, et la matière est délicate. C'est pourquoi, tout en maintenant nos principes, nos réserves, tout en réitérant nos indications, il nous a semblé utile de poser les règles sanctionnées par l'expérience, et surtout de faire apprécier la nécessité de coordonner l'œuvre des caisses régionales avec l'œuvre si vigoureuse des syndicats et de leurs admirables unions.

L'alliance étroite, fraternelle de ces organismes, conseillée depuis les débuts de notre effort, scellée dans nos congrès et dans les congrès nationaux des syndicats agricoles (2), nous paraît la plus sûre assise à donner à l'organisation des caisses régionales. Le législateur n'a pas eu une autre pensée en plaçant ces institutions sous le régime de la loi du 5 novembre 1894.

Nous nous proposons d'examiner également les diverses phases qui ont abouti à la loi du 31 mars 1899, de rechercher les meilleurs modes d'application pratique de cette loi, de mettre à la portée des promoteurs des modèles de statuts, de règlements d'administration, de comptabilité, d'aborder le sujet si important de l'inspection, de renseigner sur les formalités à remplir dans la période de constitution, de tracer enfin les rapports qui devront s'établir entre caisses locales et caisses régionales.

Nous tâcherons d'y condenser la pratique que nous avons pu acquérir en pareille matière, et nous serions satisfait si ce modeste apport pouvait aider à l'œuvre si utile et déjà bien orientée de l'organisation du crédit agricole pour le relèvement de l'agriculture française.

(1) Rapport de M. Lourties, sénateur. Voir Annexe C.

(2) Résolutions des congrès du crédit populaire à Marseille, Lyon, Toulouse, Nîmes, Caen, Lille, et des congrès des syndicats agricoles tenus à Angers et à Orléans. Voir Annexes E et F.

CHAPITRE I.

Situation du crédit agricole en France au moment où fut déposé le projet de loi de 1892. — Esprit de cette loi. — L'opposition à une banque centrale. — La transformation du projet. — Plus de banque centrale, mais des caisses régionales. — Critiques soulevées par la nouvelle loi. — Son examen par le congrès d'Angoulême. — La discussion devant le Sénat. — Les sources nourricières du crédit agricole : sources naturelles, sources artificielles. — Affranchissement des caisses régionales par les sources naturelles du crédit.

Quel était l'état de la question du crédit agricole en 1892 au moment où MM. Develle, ministre de l'Agriculture, et Rouvier, ministre des Finances, déposèrent un projet de loi destiné à favoriser la création d'une société centrale de crédit agricole et populaire ?

Il n'existait à cette époque que quelques rares institutions de crédit agricole ; cependant grâce au mouvement d'opinion créé par les quatre premiers congrès du crédit populaire et agricole (1), ce sujet recommençait à préoccuper vivement les économistes, les hommes s'intéressant à l'agriculture, et le législateur. Quelques essais appuyés sur la mutualité, tels que le Crédit mutuel de Poligny, la Banque populaire de Menton, avaient prouvé la possibilité de confier à la coopération la solution de ce difficile problème. L'institution des caisses du type Raiffeisen-Wollemborg était conseillée en même temps que celle des banques Schulze-Delitzsch et Luzzatti ; les premières pour les petites localités, les secondes pour les localités à rayon plus étendu.

Le Gouvernement crut que la création d'une banque centrale jouissant d'une garantie d'intérêts par l'État pourrait provoquer et seconder le mouve-

---

(1) Voir Annexe E. Résolutions des congrès de Marseille, Menton, Bourges, Lyon.

ment de diffusion des sociétés de crédit agricole. Il s'appuyait sur ces considérations :

1° Les crédits nécessaires à l'agriculture doivent être, selon les cas, de six, neuf, douze, ou même quinze mois ; les associations locales ne peuvent pas garder en portefeuille du papier à longue échéance ;

2° Il faut leur procurer la possibilité de repasser les effets à une banque centrale, qui escomptera immédiatement le papier à deux signatures, quel que soit le délai de l'échéance ;

3° Cette banque centrale ne peut pas être la Banque de France, dont la solidité, le sûr et régulier fonctionnement dépendent de l'incessant renouvellement du portefeuille ;

4° Les banques privées à capitaux limités peuvent encore moins recevoir et escompter le papier agricole ;

5° L'intervention de l'État est nécessaire pour susciter une grande institution n'ayant d'autre rôle que celui de recevoir le papier des agriculteurs avalisé par les associations locales, en attendant le moment de le passer à la Banque de France.

La Commission du crédit agricole à la Chambre des députés approuva ce projet le 27 janvier 1893, et M. Mir, nommé rapporteur, déposa son rapport le 25 février suivant.

Nous nous sommes énergiquement opposés à ce projet, contraire à tout ce qui avait été fait jusqu'alors dans les pays où les associations de crédit agricole se sont le mieux développées, l'Allemagne, l'Autriche, la Hongrie, l'Italie, la Belgique. La logique en pareille matière veut que toute banque centrale soit la conséquence de l'organisation d'un certain nombre de sociétés locales. C'est dans ce sens que s'étaient prononcés les congrès organisés par le Centre fédératif du crédit populaire antérieurement au projet de loi. Dès 1890, à Menton, le II° congrès, auquel assistaient MM. Luzzatti et Wollemborg, avait repoussé toute organisation de crédit agricole par une institution centrale ; à Bourges, en 1891, la même déclaration avait été réitérée ; en 1892, à Lyon, en présence de M. Raiffeisen, fils du créateur des caisses de ce nom, le même principe avait été voté.

La question fut reprise au congrès de Toulouse en 1893, où après un rapport décisif de M. Eugène Rostand, président du congrès, et un débat approfondi, le principe d'une banque centrale précédant les coopératives locales, et celui de l'intervention directe de l'État, furent également rejetés (1).

Nous ne cessions de répéter qu'une banque centrale doit être la résultante d'un réseau coordonné de sociétés locales de crédit; que son objet doit être d'en équilibrer les ressources et les besoins, d'exercer une influence salutaire sur leur gestion; que procéder autrement serait marcher contre l'ordre naturel des choses, et faire l'opposé des peuples qui nous ont devancés, qui sont passés maîtres en la matière.

Le crédit est un instrument délicat, dangereux autant qu'utile, vraiment une arme à double tranchant, et le maniement en devient encore plus difficile lorsqu'il s'applique à l'agriculture, au travail. Dans ce cas, il repose, plutôt que sur des gages matériels, sur des garanties morales. Comment une banque centrale placée à très grande distance des emprunteurs pourrait-elle sûrement apprécier ces garanties ?

Le projet de loi sur la création d'une société centrale de crédit agricole et populaire vint en discussion devant la Chambre des députés le 1er mai 1893. M. Bertrand, en s'appuyant sur les travaux du congrès de Toulouse, le combattit, ainsi que M. Aynard, partisan, comme nous, du libre emploi décentralisé des caisses d'épargne. Le projet fût nonobstant voté en première délibération dans cette même séance.

Cependant l'opposition rencontrée de la part de personnes et de groupements compétents, en particulier la Société des Agriculteurs de France, détermina le retrait du projet. M. Méline, qui, en qualité de président de la commission du crédit agricole, l'avait soutenu devant la Chambre, se rendant aux justes arguments invoqués, parmi lesquels la triste expérience du *Crédit agricole* de 1860, n'hésita pas à modifier ses idées, et profitant, pour avouer cette évolution, du débat de la loi sur le renouvellement du privilège de la Banque de France, il préconisa, de préférence, dans la séance du 17 juin

____

(1) Voir Annexe E. Résolution du congrès de Toulouse.

1897, la création de caisses régionales de crédit agricole mutuel, auxquelles seraient attribués les 40 millions provenant de la nouvelle avance demandée par l'État à la Banque et l'annuité minima de 2 millions constituant la redevance à payer par cet établissement. Le 20 décembre suivant, conjointement avec le ministre des Finances, M. Méline, alors président du Conseil, ministre de l'Agriculture, déposait un nouveau projet de loi tendant à favoriser la création de caisses régionales de crédit agricole, en mettant à leur disposition, à titre d'avances, les ressources que nous venons d'indiquer.

Dans l'esprit de M. Méline, les caisses régionales à base de mutualité, superposées aux caisses locales agricoles, seraient destinées à en faciliter le fonctionnement; elles deviendraient leur tuteur naturel, leur surveillant; elles auraient en outre pour mission de susciter au-dessous d'elles la création de sociétés nouvelles (1). Leur rôle serait donc triple : dispensation et régularisation du crédit; direction et contrôle; propagande créatrice.

Avant d'aborder l'examen de la loi que le Sénat a adoptée le 18 mars 1899, et qui a été promulguée le 31 mars suivant, nous devons rappeler que, malgré les modifications dont elle a été l'objet, nous ne sommes point des admirateurs sans réserve de cette législation, plus rationnelle assurément que les projets de création d'une institution centrale, car elle décentralise l'appui officiel, mais qui présente encore plusieurs des inconvénients reprochés aux projets de banque centrale.

Tout ce qui est artificiel peut en apparence activer un mouvement de diffusion, mais les institutions qui naissent ainsi sont factices; elles n'ont été ni mûrement préparées, ni suffisamment comprises; elles laissent à désirer comme sociétaires et comme personnel dirigeant; en un mot, l'œuvre existe, mais souvent elle ne vit pas.

Le contraire se produit lorsqu'il s'agit d'institutions issues d'un besoin local, bien conçues, ayant à leur tête des personnes qui en ont étudié la portée et le mécanisme, et qui sont résolues à les rendre aussi utiles que possible.

En pareille matière il ne faut pas se montrer trop pressé, ni croire qu'une

---

(1) Discours de M. Méline à la Chambre, séance du 17 juin 1897.

loi spéciale, ou un concours financier de l'État puissent accélérer un mouvement économique. A notre humble avis, ce qui aidera réellement à la propagation des sociétés de crédit agricole, c'est l'éducation financière, c'est l'école de mutualisme agricole ouverte depuis dix ans dans nos congrès, c'est l'action de bon nombre de syndicats agricoles, c'est l'initiative des hommes de bien qui se sont voués à cette passionnante cause.

Revenant à la loi, objet de ce travail, nous devons rendre à M. Méline cet hommage qu'en homme pratique, il a su écarter la théorie, et n'a pas hésité à prendre en considération les résolutions adoptées par les congrès du crédit populaire et agricole chaque année, depuis 1890, contre l'établissement de toute banque centrale. Il a su évolutionner, tenir compte des circonstances, des besoins, des rouages déjà existants, et transformer son projet primitif en un concours financier temporaire à des institutions régionales fondées par l'initiative privée et destinées soit à alimenter, soit à multiplier les associations locales.

Nous aurions mieux aimé, même au risque d'avancer plus lentement, que le crédit agricole s'organisât sans concours financier de l'État, et que l'État se bornât à allouer aux caisses agricoles de petites subventions initiales, comme il l'a fait quelque temps. A l'organisation de caisses régionales débitrices de prêts d'État, nous aurions préféré la diffusion dans les milieux urbains, de banques populaires, issues de la libre initiative, institutions les plus aptes à soutenir les caisses agricoles, car elles permettent la fusion des épargnes des villes avec celles des champs, et partant la coordination du crédit rural avec le crédit urbain. L'épargne décentralisée au moyen de ces deux organismes suffirait largement à satisfaire aux besoins de crédit de l'agriculture. Mais il faut convenir que le manque d'initiative, le découragement né chez nous des moindres difficultés, les habitudes centralistes contractées créent une situation exceptionnelle, et que le besoin d'organiser le crédit au profit des agriculteurs se fait de plus en plus urgent.

En présence de tant de difficultés, on peut admettre qu'il y a intérêt à accepter l'encouragement offert par l'État (1).

---

(1) Convention du 31 octobre 1895 approuvée par la loi du 17 novembre 1897.

Assurément, on voudrait pouvoir se passer de cet appui, et vivre de ses propres ressources comme le font ces groupes si attachants d'institutions coopératives du Rhône, des Bouches-du-Rhône, des Alpes-Maritimes, où la décentralisation de l'épargne a été ébauchée; mais cette pratique est bien loin d'être généralisée, elle ne pourra l'être que lentement. Nous devons, en attendant, multiplier les caisses agricoles locales, les faire vivre, et chercher à utiliser le mieux possible la nouvelle loi.

Il nous paraît avant tout nécessaire d'en passer en revue les principales dispositions, et de signaler sur quels points nous aurions désiré la voir modifiée, afin qu'elle pût répondre moins imparfaitement aux intentions de ses auteurs.

Il est juste tout d'abord de les féliciter d'avoir compris que dans un pays centraliste il fallait commencer le mouvement décentralisateur non par un organisme d'État, mais par des institutions régionales libres, et en se bornant à en soutenir les premiers efforts.

La loi du 5 novembre 1894 a eu un but louable, que nous n'avions cessé d'indiquer depuis 1889, et dont nos congrès ont même fourni la formule depuis répétée par d'autres: l'organisation du crédit agricole par en bas, latéralement aux syndicats agricoles, afin de rapprocher, fortifier et compléter l'action de ces deux précieux facteurs du progrès agraire. Il est démontré que ce rapprochement constitue un moyen très efficace de procurer aux agriculteurs la plus grande somme d'avantages, et en ce qui touche spécialement aux fonctions du crédit, d'exercer un contrôle utile sur l'emploi des fonds prêtés.

De même que les syndicats profitant de leur rapide expansion ont su créer ces admirables unions régionales qui les complètent opportunément, le législateur s'est dit qu'il convenait de provoquer en faveur des sociétés locales de crédit agricole, en grande partie éparses dans nos campagnes et sans soutien, une organisation supérieure, une organisation régionale. C'est à cela que vise la loi des caisses régionales.

Les caisses régionales, dont la loi ne limite heureusement pas le nombre et ne fixe pas l'étendue des circonscriptions, seront constituées d'après la loi du 5 novembre 1894. Elles seront un complément des caisses locales, et créeront

— 17 —

entre elles un lien qui ne pourra que leur être profitable. Ce sera une application à ces petites sociétés de la puissance du principe d'association au second degré. Le cultivateur, pris isolément, n'offre qu'une surface modeste; l'union des cultivateurs, fortifiée par la coopération et par la solidarité, offre des garanties sérieuses et inspire toute confiance. Il en est de même des sociétés : leur crédit et leur force ne peuvent que s'accroître par leur union en groupes régionaux.

Le rôle des caisses régionales, à peine ébauché dans le projet primitif, se trouve mieux défini par l'art. 2 ainsi conçu : « les caisses régionales ont pour but de faciliter les opérations concernant l'industrie agricole effectuées par les membres des sociétés locales de crédit agricole mutuel de leur circonscription et garanties par ces sociétés: elles escomptent les effets souscrits par les membres des sociétés locales et endossés par ces sociétés; elles peuvent faire à ces sociétés les avances nécessaires à leurs fonds de roulement».

Nous aurions souhaité que la rédaction de ce texte qui résume à notre avis la portée du projet de loi, précisât plus complètement le caractère de ces institutions. L'énoncé de la première partie de leur objet, «faciliter les opérations concernant l'industrie agricole», est vague. L'objet de ces caisses devrait être triple (a) réescompter les effets des caisses locales et leur faire des avances directes; (b) recevoir leurs excédents de fonds ; (c) aider à la multiplication des caisses locales.

Chacun de ces organismes doit avoir son rôle spécial et nettement distinct ; la caisse locale est l'intermédiaire entre l'agriculteur et la caisse régionale, qui à son tour est l'intermédiaire entre les caisses locales et le Trésor. Dans notre rapport au congrès d'Angoulème, nous avons signalé combien il aurait été injuste que les caisses fondées d'après la loi du 5 novembre 1894 fussent seules admises à faire partie des caisses régionales, ainsi que cela paraissait résulter du texte de l'art. 1er, et pour dissiper toute équivoque nous avions demandé une rédaction plus claire. Lors de la discussion devant le Sénat, ce point fut soulevé. Le rapporteur démontrait que d'après la lettre même de l'art. 1, les syndicats et les caisses de crédit agricole par eux fondées sous le régime de la loi de 1894 devaient seuls bénéficier de la nouvelle loi.

2.

M. Halgan, développant un amendement de M. Le Cour Grandmaison, soutenait que les caisses locales régies par la loi du 24 juillet 1867 devaient aussi y participer. Un amendement en ce sens avait été renvoyé à la commission, qui après entente avec le ministre de l'Agriculture, déclara, par l'organe de son président M. Gouin, que sous le mot " sociétés locales de crédit agricole mutuel " on devait comprendre *non seulement les sociétés de crédit mutuel agricole fondées sous l'empire de la loi de 1891, mais aussi celles qui avaient été établies sous l'empire de la loi de 1867* (1). L'amendement fut dès lors retiré. M. le ministre de l'Agriculture, dans sa circulaire du 31 août 1899 aux préfets, a définitivement tranché la question dans ce sens (2).

En ce qui concerne l'importance des avances aux caisses régionales, qui, d'après la loi, ne pourront excéder le montant du capital versé en espèces, nous avions demandé que ces avances pussent s'élever jusqu'à concurrence du capital versé, accru du capital de garantie et des réserves, et que la répartition fût faite par le ministère de l'Agriculture après avis de comités que nous conseillions de créer dans chaque région. A l'appui de ce vœu nous exposions que les sociétés à solidarité sans capital sont nombreuses, qu'elles paraissent s'adapter aux conditions des petits milieux agricoles, que dès lors il ne fallait pas se faire trop d'illusion sur l'importance du capital à recueillir par les caisses régionales des caisses locales, généralement pourvues de minces ressources propres et incapables d'en immobiliser une partie, si petite soit-elle. D'autre part, les souscriptions des membres de syndicats agricoles ne nous paraissent guère non plus devoir fournir un large contingent. Le capital des caisses régionales sera donc souvent modeste, et modeste sera aussi leur participation aux avances consenties par la nouvelle législation.

Nous indiquions, pour la formation du capital des caisses régionales, des parts réduites, avec facilités pour les versements, capitalisation de l'intérêt jusqu'à libération, responsabilité s'élevant à plusieurs fois le montant des parts. On aurait de cette façon abouti plus facilement à la constitution des caisses

---

(1) Voir Annexe D.

(2) Voir Annexe J.

régionales ; la garantie par elles offerte à l'État et au public aurait été plus large. On aurait pu alors prendre comme base du crédit à accorder aux caisses régionales le capital espèces augmenté du capital de garantie que fournit la responsabilité des sociétaires, et accru aussi du fonds de réserve. Ces vues ont été partagées par le rapporteur sénatorial, M. Lourties, qui ajoutait, à juste titre, que du moment où l'agriculture manque de capitaux disponibles, la première chose à faire est de lui en demander le moins possible. Le rapporteur a été également de notre avis en ce qui touche la durée des avances, qui devrait correspondre au cycle des récoltes.

Nous estimons qu'il ne faut pas trop éloigner de l'emprunteur la préoccupation de l'échéance, et qu'il est bon de pouvoir constater de quelle façon s'opérera la rentrée des avances. Or, il est admis que les prêts accordés par les caisses agricoles doivent être, en principe, remboursés après la réalisation des récoltes. Il convient donc de mettre les caisses régionales dans l'obligation de suivre ces rentrées, et d'empêcher les immobilisations de fonds. Il faut aussi que la commission spéciale puisse suivre périodiquement le roulement et le remboursement des avances accordées. C'est précisément par le jeu des rentrées qu'on pourra juger de la bonne répartition des fonds avancés et du degré de solvabilité de chaque caisse régionale.

En ce qui concerne la limitation des dépôts que la loi fixe aux trois quarts des effets en portefeuille, nous demandions qu'elle fût plutôt proportionnée au capital. En effet, l'importance du portefeuille est essentiellement variable, et dans la pratique il sera bien difficile de se conformer à cette disposition. Mieux aurait valu laisser aux statuts, et de préférence à l'assemblée générale, le soin de fixer une limite d'après l'importance des opérations et les besoins probables des caisses locales adhérentes.

A côté de ces quelques desiderata, le point qui a soulevé le plus de critiques, en dehors du principe même de l'intervention de l'État, est la gratuité des avances. Les intéressés eux-mêmes (rare preuve de sagesse), ont protesté par leurs syndicats. En s'obstinant à une générosité que personne ne lui demandait, l'État s'engage dans une voie inexacte et dangereuse; il applique un principe antiéconomique, de nature à atténuer le sentiment de la valeur du capital, du sérieux des engagements pris, à relâcher l'instinct de la responsabilité, et qui peut conduire à l'opposé du but visé. On se demande aussi comment les caisses régionales pourront maintenir un taux de faveur artificiel le jour où les subventions de l'État arriveront à leur terme. Le crédit gratuit, le crédit artificiel n'existent pas, ils ne peuvent exister. Le congrès d'Angoulême a conseillé le prélèvement d'un intérêt inférieur de 1 % au taux d'escompte de la Banque de France, et son affectation à la constitution d'un fonds de réserve destiné à parer aux pertes éventuelles. Sur ce point encore, nous avons eu l'approbation du rapporteur sénatorial.

Notre excellent collègue et ami, M. Georges Maurin. dans un rapport présenté à la suite du nôtre au congrès d'Angoulême, avait confirmé ces mêmes vues avec l'autorité particulière d'un des chefs du mouvement syndical. Il avait ajouté deux principes directeurs : l'utilité pour les associations de crédit de s'appuyer sur un syndicat, la nécessité de mettre la constitution des caisses régionales en harmonie avec l'organisation actuelle des syndicats et des unions de syndicats agricoles et avec les résultats déjà obtenus (1).

Le 10 janvier 1899, M. Lourties déposa son rapport (2), travail important, élaboré avec un soin consciencieux, qui témoigne de l'intérêt que l'ancien ministre du Commerce porte à la cause de la coopération de crédit. L'utilité du crédit rural, les divers projets d'initiative parlementaire, les expériences de l'étranger y étaient passés en revue et étudiés en détail.

D'après lui, la nouvelle loi est appelée à compléter d'une façon heureuse celle du 5 novembre 1894. Il approuvait les indications que nous a suggérées l'étude de la loi. Nous aurions certes aimé qu'il conclût à la rectification ou à l'amélioration des divers points sur lesquels le congrès d'Angoulême avait appelé l'attention du Parlement. Malheureusement la crainte d'amener un trop long retard décida le Sénat à entériner le projet qu'avait voté le 31 mars 1898 la Chambre des députés. Au surplus, M. Lourties estimait qu'il s'agit d'une loi d'expérience, susceptible d'être amendée plus tard si la nécessité s'en fait sentir.

(1) Voir Annexe E.
(2) Voir Annexe C.

La délibération devant le Sénat, commencée le 14 mars, se poursuivit dans les séances des 16 et 17. Les rapports et les résolutions du congrès d'Angoulême y ont été fréquemment cités, et ont fourni à plusieurs reprises la base de la discussion.

L'opportunité des caisses régionales a été contestée ; certains sont allés jusqu'à proposer l'attribution par l'État d'avances aux petits agriculteurs, lui conférant ainsi le rôle de banquier de la petite agriculture, rôle funeste en principe, et pour lequel l'État est moins que tout autre désigné (1). Au nom des radicaux-socialistes, un sénateur a aperçu dans les dispositions de la loi une application caractérisée de socialisme d'État, et s'est félicité de ce premier pas ; d'autres n'y ont vu qu'un encouragement aux cultivateurs aisés, ou un moyen de servir les intérêts du monde financier. M. Viger, ministre de l'Agriculture, n'a pas eu de peine à montrer le côté démocratique de la loi, et a rendu hommage aux éléments sociaux, en possession de l'aisance, qui dans les œuvres de la coopération et de la mutualité, donnent gratuitement leur temps et leur expérience au profit des petits ; il a dit de ces hommes, aux applaudissements de la haute assemblée, qu'ils font œuvre démocratique et de bons citoyens.

Telle a été l'évolution de cette loi devant le Parlement ; de nos desiderata un seul fut accepté : l'admission des caisses fondées d'après la loi de 1867 à faire partie des caisses régionales au même titre que celles régies par la loi de 1894.

En ce qui concerne les ressources financières nécessaires au fonctionnement des caisses locales, il est permis d'affirmer que les institutions intelligemment adaptées aux besoins et à la situation particulière de chaque localité, qui ont su choisir leurs membres, se placer sous la direction d'hommes inspirant et méritant confiance, non seulement portent en elles les éléments nécessaires à leur existence, mais concourent aussi à la reproduction par l'incomparable puissance de l'exemple. De telles institutions abondent à l'étranger ; il y existe quantité de banques populaires et de caisses agricoles,

---

(1) M. Laterrade, sénateur, a déposé le 12 mai 1899 un projet de loi conférant à l'État le rôle de distributeur de crédit aux agriculteurs.

qui, non seulement s'alimentent par elles-mêmes, mais viennent aussi en aide à des institutions sœurs. En Italie, beaucoup de ces institutions ont des dépôts d'épargne représentant de cinq à dix fois leur capital (1). Il faut cependant convenir qu'en général les associations coopératives de crédit ont besoin, dans leurs débuts surtout, d'être alimentées et soutenues.

Plusieurs sources d'alimentation existent. Nous les diviserons en deux catégories: *les sources naturelles* et les *sources artificielles*.

Les sources naturelles sont, sans contredit, les économies du peuple mises à la portée de son activité, de ses qualités morales et professionnelles. Il est à remarquer que dans les pays où ces sources n'ont pas été captées au profit d'autres institutions, la coopération de crédit s'est merveilleusement développée, et a accompli un acte de justice en plaçant les économies des petits, qui jadis ne profitaient qu'aux plus favorisés de la fortune, au contact même des humbles travailleurs qui demeurent fidèles à la noble devise de l'honnêteté et du travail.

Il y a là un point d'une haute importance, méritant de fixer l'attention de ceux qui ne veulent pas nier le progrès, et qui comprennent que de sérieuses réformes doivent enfin être apportées dans un régime suranné, stérilisateur au point de vue financier comme au point de vue moral : nous voulons parler du régime actuel de nos caisses d'épargne, encore si défectueux, malgré la brèche de principes qu'y a pratiquée la loi du 20 juillet 1895. Il n'est plus besoin de rappeler que la France est un des rares pays qui s'obstinent dans une méthode erronée, dont les défauts sautent aux yeux, méthode qui aboutit à ce résultat que les caisses d'épargne, au lieu de favoriser, de multiplier l'épargne, la redoutent, la chassent, soit par la diminution à 1,500 fr. du maximum des livrets et des versements pouvant être effectués dans l'année, soit par l'abaissement graduel du taux de l'intérêt sous l'influence d'un placement étatiste unique, qui pousse à la hausse de rentes et se traduit par l'appauvrissement des rentiers.

---

(1) En Belgique aussi la presque totalité des sociétés de crédit agricole se suffisent; certaines ont des dépôts dépassant de quatre à cinq fois le montant des prêts accordés. Les excédents sont déposés à la Caisse générale d'épargne, qui joue à leur profit le rôle d'office de compensation.

En Allemagne, en Autriche-Hongrie, en Italie, en Suisse, en Belgique, en Danemark, en Norvège, les choses se passent différemment. Les épargnes populaires reçoivent par le libre emploi la destination qui leur est propre. Recueillies dans ces vastes réservoirs que sont les caisses d'épargne, elles s'en échappent en des ruisseaux multiples et bienfaisants, et retournent dans les localités qui les ont formées ; elles s'en vont seconder, encourager les qualités, les aptitudes les plus précieuses du peuple.

Dans ces pays on ne redoute pas la marée montante de l'épargne, mais on s'en félicite, et avec raison ; le taux de l'intérêt servi aux déposants n'est pas artificiel, mais il est le fruit de l'emploi libre de l'épargne ; et les fonds d'État n'ont pas ce levier factice qui nous amène à ce résultat paradoxal que tout homme qui économise en France contribue à la baisse de l'intérêt (1), ce qui n'est ni logique ni encourageant, il faut en convenir.

Aussi le crédit populaire et agricole s'y est rapidement organisé et a prospéré, car le terrain y était bien préparé par la pratique de l'épargne libre et décentralisée. Et cette pratique du libre emploi de l'épargne a une portée plus grande qu'on ne le pense en général ; elle fait du prévoyant quelqu'un qui voit plus loin que la garantie matérielle de l'État ; elle lui montre le service que son épargne va rendre aux activités locales ; elle l'intéresse au fonctionnement, à la marche de l'association à laquelle il la confie ; tandis que nos déposants ne voient qu'un objectif, la garantie du Gouvernement avec la sécurité qu'elle comporte, et qui les dispensant de songer à autre chose, affaiblit constamment leur esprit d'initiative et de solidarité sociale. Les deux systèmes offrent, on le voit, une singulière différence, même au point de vue éducatif.

Il n'est donc pas étonnant que les associations coopératives de crédit, banques populaires et caisses rurales, s'acclimatent si lentement chez nous ; car bien des obstacles s'y opposent, surtout l'éducation populaire faussée sur ce point par ce vieux régime d'emploi de l'épargne, régime affaiblissant, fâcheux, et contre lequel il est du devoir des hommes prévoyants de réagir en s'associant aux efforts que nous faisons depuis dix ans pour placer en

---

(1) Suivant une observation judicieuse de M. Béchaux au Congrès de Lille (Voir Actes, p. 295).

pareille matière la France au niveau des peuples qui jouissent des bienfaits de cette liberté.

Mais rassurons-nous ; nous pouvons, nous aussi, offrir déjà quelques exemples de ce qu'en dépit de circonstances si défavorables, peuvent l'initiative individuelle et l'utilisation sur place de l'épargne locale.

Il nous suffira de citer les initiatives progressistes des Caisses d'épargne de Lyon et de Marseille alimentant les sociétés de crédit agricole fondées dans leurs rayons respectifs, et en fait de coopération de crédit, celles du Crédit mutuel de Poligny, de la Banque populaire de Menton, et d'autres qui secondent et soutiennent le mouvement de diffusion des caisses agricoles (1).

A côté de ces sources que nous avons appelées naturelles, parce qu'elles sont à la coopération ce que le sang est à notre organisme, il existe des sources artificielles que nous allons passer sommairement en revue.

La première, et la plus discutée, est l'intervention de l'État par la création d'associations centrales constituées ou subventionnées avec ses capitaux. Nous les connaissons ces associations centrales, subventionnées ou non, qui nous affligent par une centralisation financière outrée avec tous ses inconvénients. Nous ne cesserons de répéter que dans aucun pays autant qu'en France la coopération de crédit ne serait utile pour conjurer l'excessive concentration des capitaux. En fait de banque subventionnée, on n'a pas oublié l'échec de la grande Banque de crédit agricole, qui vécut un peu plus d'un lustre, et qui, née pour les campagnes de France, périt dans la spéculation étrangère. Et même les institutions centrales non subventionnées, la Banque de crédit au Travail de 1863, la Caisse d'Escompte de 1865, la Caisse centrale de l'Épargne et du Travail de 1880, ont prouvé leur impuissance : elles tombèrent successivement par suite de ce vice originel de la centralisation, tandis que les modestes coopératives locales élevées par Schulze-Delitzsch, Raiffeisen, Luzzatti sur le principe de la décentralisation et de l'Aide-toi toi-même se multipliaient, devenaient fortes, quelques-unes puissantes même, et, en Allemagne, la diffusion des institutions coopératives préparait la constitution de banques

---

(1) Cf. Volume des Actes du congrès d'Angoulême, p. 203.

centrales par les coopératives locales elles-mêmes, résultante naturelle de cette expansion.

Et cependant, malgré une organisation aussi bien comprise, aussi complète, parce qu'elle s'alimente par elle-même, dans ce dernier pays, l'État a senti, je ne dirai pas le besoin, car le besoin n'existait pas, mais le désir d'intervenir. En 1895, fut créée la Caisse centrale prussienne de la coopération placée sous la direction du Gouvernement, ayant surtout pour but de venir en aide aux associations locales en leur fournissant des fonds à un taux modique. L'État la dota d'un capital de 5 millions de marks porté en 1896 à 20 millions, et en 1898 à 50 millions. Les opérations de cette Caisse se sont rapidement développées, et elle a provoqué la création de nombreuses associations, ce qui expliquerait assez la progression importante des sociétés coopératives de crédit allemandes passées de 8069, en 1896, à 10.850, en 1899 (1er avril). Il est impossible de préjuger des résultats d'une telle institution qui peut avoir des chances de succès, car elle est la conséquence d'une œuvre arrivée à un haut degré de puissance, et constitue un achèvement, et non un point de départ.

Ainsi une intervention étatiste dans la réalisation d'institutions qui sont en principe du domaine de l'initiative privée constitue un moyen artificiel, pouvant réussir plus ou moins, suivant les moments, les milieux et les circonstances, mais qui ne peut avoir ni la spontanéité, ni la force des moyens que nous avons signalés comme les sources naturelles d'alimentation du crédit populaire et agricole.

Une seconde source où puisent couramment banques et banquiers, est par moments nécessaire ; nous voulons parler du réescompte, c'est-à-dire de la négociation par une banque ayant des capitaux disponibles du papier d'une autre banque qui a beaucoup d'effets en portefeuille et pénurie d'argent. Cette opération peut rendre des services : mais on doit y avoir recours avec prudence, et je dirais presque exceptionnellement. Il ne faut pas s'y reposer, car le réescompte, facile dans les moments où l'argent est bon marché, se resserre aux heures critiques, et précisément lorsque les sociétaires de nos institutions ont le plus besoin de crédit. C'est surtout pour cette raison que nous sommes amenés à le considérer aussi comme une source artificielle.

C'est donc vers les sources naturelles de crédit que doivent se porter les efforts des organisateurs des caisses régionales de crédit agricole mutuel. L'aide de l'État ne peut et ne doit être que temporaire. Elles doivent s'en affranchir aussitôt que possible pour pouvoir vivre d'une vie propre, saine, qui doit aider à leur épanouissement et faire de ces institutions ce qu'elles doivent logiquement être : un utile régulateur et un efficace intermédiaire entre l'épargne et l'industrie agricole.

CHAPITRE II.

Comment appliquer la nouvelle loi. — Son but devrait être de faciliter les débuts des sociétés locales. — Supériorité des caisses d'épargne et des banques populaires comme organismes régionaux. — L'appui de l'État doit être considéré comme temporaire. — Bases de la nouvelle législation. — Alliance de plus en plus étroite des syndicats avec les caisses agricoles. — Formation du capital des caisses régionales. — Leur circonscription territoriale. — Les dépôts : comptes-courants, bons à échéance. — Proportion légale des dépôts avec le portefeuille ; ses inconvénients. — Les opérations les plus fréquentes.

Quelle attitude devaient prendre les pionniers sincères du crédit coopératif devant la loi du 31 mars 1899 ? Malgré les défauts signalés par le congrès d'Angoulème et auxquels il avait inutilement proposé des corrections précises, malgré le principe de l'intervention de l'État auquel nous ne cesserons de préférer le rôle de la libre initiative et la coordination de l'action des caisses d'épargne ou des banques populaires avec celle des caisses agricoles, malgré la fâcheuse gratuité du concours de l'État, il nous a paru que le devoir était de s'employer à tirer de la nouvelle législation tout le parti possible, de chercher à en marquer la juste portée, à en faciliter l'application, et surtout à préparer, à assurer l'avenir des institutions qu'elle tend à susciter.

La pensée fondamentale du législateur, toute de sollicitude pour l'agriculture, a été de saisir l'occasion que lui offraient les avantages pécuniaires résultant du renouvellement du privilège de la Banque de France pour aider à la diffusion des caisses agricoles locales dont il appréciait le mouvement aujourd'hui si heureusement lancé, pour sanctionner de plus en plus le principe préconisé par nos congrès de l'action latérale des syndicats et des caisses agricoles, pour atténuer l'inconvénient du manque de ressources imputable en France à l'excès de centralisation des capitaux, qui paralyse souvent le fonctionnement des institutions coopératives de crédit, surtout à leurs débuts.

C'est à cette insuffisance initiale de capitaux que le législateur a voulu parer, dans l'espoir qu'une fois cette difficulté aplanie, le mouvement de propagation des sociétés de crédit agricole s'accentuerait encore.

Nous avons déjà rappelé nos idées sur l'opportunité et sur l'utilité de cette intervention. Il n'y a pas lieu d'y revenir autrement que pour affirmer encore ceci : le jeu spontané des institutions, telles que les banques populaires et les caisses d'épargne, qui disposent des sources naturelles d'alimentation du crédit populaire et agricole, sera toujours plus efficace, plus éducateur, plus vivifiant que l'intervention de l'État créant des sources factices d'alimentation. Mais il faut tenir compte de la situation toute particulière de la France. Réserve faite de nos préférences pour les associations coopératives de crédit qui s'alimentent au moyen de l'épargne locale, nous estimons que l'aide de l'État à des caisses régionales fondées par l'initiative privée, en vue de faire bénéficier l'agriculture de la nouvelle avance accordée et de la redevance annuelle à verser par la Banque de France, n'est pas à repousser en l'état actuel du régime de l'épargne et des difficultés d'alimentation de la coopération de crédit, à la condition toutefois que les caisses régionales n'en usent que modérément et avec le dessein d'arriver graduellement à se suffire par elles-mêmes (1).

Le concours de l'État ne doit donc être considéré que comme temporaire, comme un pis-aller, comme une sorte de charpente destinée à faciliter la construction de l'édifice, et qui devrait disparaître, l'édifice une fois achevé. Les caisses régionales dont la loi tend à faciliter la création devront avoir pour idéal de n'utiliser le concours de l'État qu'à titre transitoire, et de viser à leur complète émancipation. Il faut du reste qu'il en soit ainsi, si on considère que les capitaux dont dispose le Trésor public deviendront peu de chose le jour où les institutions locales se seraient multipliées, et surtout quand elles auraient

---

(1) Déclaration de principes placée en tête de la résolution votée par le congrès d'Angoulême. Voir Annexe E.

pris l'essor auquel elles nous paraissent appelées. La commission chargée
d'opérer la répartition des avances s'inspirera de ces principes, si elle veut
faire œuvre utile, et enlever au concours officiel ce côté déprimant de l'énergie
individuelle qu'on s'accorde généralement à lui reprocher.

Examinons maintenant les bases de la nouvelle législation. Elle doit être
avant tout considérée comme le complément de la loi du 5 novembre 1894, qui
a pour but la constitution de sociétés locales de crédit agricole latéralement
aux syndicats et au profit exclusif de leurs membres.

Partant de ce principe que le crédit agricole ne peut être utilisé avec profit
que s'il est fourni à taux réduit, le législateur n'a pas hésité, libéralité
dont nous avons critiqué le principe et signalé les inconvénients, à mettre
l'avance de 40 millions de francs et la redevance annuelle à verser au Trésor
par la Banque de France à la disposition de caisses régionales fondées d'après
la loi du 5 novembre 1894. Il n'a pas voulu séparer le syndicat de la caisse de
crédit ; il a reconnu que ces deux organismes ne doivent pas être disjoints ;
sa préoccupation, que nos congrès et les congrès des syndicats agricoles ont
toujours partagée, et que le congrès d'Angoulême a traduite dans sa résolution sur la loi nouvelle, est nettement marquée par l'obligation faite aux
caisses régionales de se constituer d'après les dispositions de la loi du 5
novembre 1894.

L'application stricte de cette loi aurait eu pour résultat, et nous avions
mis en garde contre un tel exclusivisme, d'empêcher de faire partie et de
profiter des caisses régionales les sociétés créées sous le régime de la loi de
1867. On a vu que le Sénat a partagé nos vues (c'est le point sur lequel
satisfaction a été, au moins par une déclaration interprétative, donnée aux
vœux du congrès d'Angoulême, qui avait demandé que « *toutes les sociétés
coopératives de crédit agricole fondées soit sous le régime de la loi de 1867,
soit sous le régime de la loi de 1891, puissent faire partie des caisses régionales* ».

En ce qui concerne la formation du capital, nous avons vu qu'il ne faut pas
trop compter sur l'importance de la souscription des caisses locales, qui, à cause
du peu de ressources dont elles disposent, ne pourront prendre qu'un nombre

assez restreint de parts. Restent, il est vrai les souscriptions des syndicats et de leurs membres. Les plus aisés parmi eux devraient fournir un large appoint. Si la caisse régionale est bien comprise et bien administrée, ils feront, en même temps qu'une œuvre pratique de solidarité, un placement sûr. Combien de capitaux sortent chaque année des campagnes et des villes, attirés par des prospectus alléchants (1)! Combien de désillusions sont et seront encore infligées au public épargnant ! Combien ne vaudrait-il pas mieux conserver dans le pays, au profit de l'agriculture, la plupart de ces capitaux ! L'organisation rationnelle du crédit agricole offre une bonne occasion d'appliquer ce salutaire principe, et de faire sur ce point important du protectionnisme sain.

C'est surtout à cette condition que le capital des caisses régionales pourra être recueilli dans des proportions suffisantes pour permettre de faire bénéficier sensiblement les caisses locales du nouveau rouage des caisses régionales. Et à ce sujet nous regrettons la limitation des avances des caisses régionales au montant du capital versé en espèces.

Dans le système qui semble, jusqu'à présent, préféré en France pour le fonctionnement du crédit agricole, le système Raiffeisen, adopté par la pluralité actuelle des caisses agricoles françaises, le capital espèces ne joue qu'un rôle secondaire et minime. C'est le capital responsabilité qui entre en jeu, ce capital identifié avec l'individu lui-même, qui apporte ainsi dans la société non seulement des économies, mais sa valeur personnelle et cet ensemble de qualités qui forment l'assise et la sauvegarde des institutions à responsabilité solidaire. Il est hors de doute que les caisses régionales, dont les caisses locales adhérentes seront en majorité du type Raiffeisen. offriront à l'État prêteur et au public une garantie plus large que celles qui se composeront de sociétés à responsabilité limitée; l'évaluation du crédit à leur accorder ne devrait donc pas se faire sur la même base, l'importance du capital versé; mais en tenant compte, en même temps que de ce capital, des réserves et du degré de responsabilité offert par les caisses affiliées.

---

(1) On évalue à 25 milliards le montant des valeurs étrangères circulant en France. Cf. *Réforme sociale* du 1er octobre 1899, p. 537.

En l'état présent de la loi du 31 mars 1899, il faudra que les caisses qui désireront bénéficier des avances de l'État commencent par se constituer un capital assez important. Nous insistons cependant sur ce point que l'appui de l'État doit être considéré comme temporaire, que les sommes dont il dispose ne doivent pas s'immobiliser, mais aller de région en région pour encourager, soutenir l'activité initiale des caisses naissantes, et que les caisses régionales doivent poursuivre un idéal d'indépendance, d'émancipation, tendre à se suffire par elles-mêmes.

Et nos conseils subsistent; pour atteindre ce résultat, elles doivent inspirer confiance; leur constitution doit être spontanée, adéquate à la situation spéciale de chaque région; leurs mouvements doivent être aisés; leur fonctionnement doit s'harmoniser avec les besoins des milieux où elles se meuvent. Dans les régions où le capital serait difficile à recruter, nous recommandons de compléter le capital espèces par le capital responsabilité en élevant plusieurs fois au-dessus du montant de chaque coupure de part le degré de responsabilité des sociétaires. Ce mode de responsabilité ne présentera aucun danger; il sera au contraire le gage d'une administration sage et prudente, un moyen efficace de fortifier le crédit des caisses, d'atténuer leurs charges, de leur permettre de distribuer le crédit à des conditions plus douces, et de rester ce qu'elles doivent être avant tout, des associations de personnes, non de simples groupements de capitaux.

Le capital sera plus ou moins important suivant la circonscription territoriale plus ou moins étendue de chaque caisse. De quelle façon cette circonscription devra-t-elle être fixée? La loi n'a heureusement rien édicté sur ce point, elle a laissé toute latitude aux fondateurs. C'est à eux qu'il appartiendra de juger s'il convient à la caisse de borner son action à un seul département, ou de l'étendre à une région. Les caisses régionales paraissant devoir être en général fondées sur l'initiative des unions de syndicats, il est probable qu'on leur attribuera, en fait, un rayon d'action égal à celui de ces dernières. Il faut cependant convenir que dans bien des cas ce rayon est très étendu, et en matière de crédit, il est toujours prudent de circonscrire pour mieux surveiller. Il y aura aussi lieu de faire entrer en ligne de compte le nombre de caisses locales existant dans chaque région : si ce nombre est peu important, la caisse pourra avoir une circonscription plus étendue ; mais lorsque les caisses locales se développeront, nous estimons qu'il faudra arriver à subdiviser, et à créer de nouvelles caisses régionales à rayon de plus en plus réduit. C'est là une question d'appréciation, et surtout d'adaptation du nouvel organe aux besoins et à la situation spéciale de chaque région.

L'importance du capital fortifiée, accrue par l'élévation du degré de responsabilité des sociétaires, permettra d'atteindre un des buts essentiels auxquels doivent viser les caisses régionales : la réception des dépôts, et l'émission de bons à échéance fixe, qui constituent, sans contredit, la meilleure contre-partie des opérations de crédit agricole.

Nous avons souvent dit qu'un des résultats les plus précieux à obtenir par les institutions de crédit populaire, rurales ou urbaines, sera d'aider à réaliser la décentralisation de l'épargne, et à retenir sur place les économies locales par le moyen d'organismes permettant de les placer à la portée des intelligences et des activités. Sans cette décentralisation de l'épargne, sans cette éducation économique, les associations de crédit populaire ne sont pas possibles, parce qu'il leur manque le sang qui est leur vie. La preuve de ceci, on la trouve dans le fait même de la loi qui nous occupe. Le législateur a reconnu que ce qui manquait à l'expansion des sociétés de crédit agricole, c'est précisément le capital de circulation ; il a voulu le leur procurer par un moyen artificiel qu'il est sage de considérer comme temporaire, et que les hommes prévoyants doivent mettre à profit pour faire l'éducation économique dont nous venons de parler. Le terme de cette phase éducative sera précisément que les institutions de crédit populaire arrivent peu à peu à se suffire par elles-mêmes au moyen de l'emploi d'une partie des épargnes de leurs régions respectives.

Les caisses régionales pourront aider efficacement à répandre dans le public cette salutaire notion de l'avantage qu'il y a à retenir l'épargne et à la mettre sur place à la portée du travail. Avant de confier à d'autres cet élément fertilisant, commençons par donner satisfaction à nos besoins locaux, gardons le nécessaire. Quel meilleur emploi des petits capitaux pourrait-on désirer que celui qui procure à la fois une sécurité éprouvée, un revenu suffisant, la satisfaction d'accomplir une œuvre sociale et patriotique ?

Les dépôts, tant sous la forme de comptes courants, que sous celle de bons à échéance, constitueront donc la contre-partie des opérations de crédit agricole faites par les caisses régionales. Ces dépôts leur viendront surtout du public, des syndicats, et graduellement aussi des caisses locales qui auront par moments exubérance de fonds. Les caisses régionales deviendront des offices de compensation, des réservoirs où aboutiront les petits ruisseaux du crédit pour en sortir canalisés et conduits vers des voies nouvelles d'activité et de production.

L'organisation du service des dépôts tant sous la forme de comptes courants que sous celle de bons à échéance devra être circonspecte, surtout en ce qui concerne les comptes courants, dont le principe même est le remboursement à vue, ou avec de courts préavis, des sommes disponibles. Les opérations de crédit agricole comportant, par leur nature même, une longue échéance ne constituent pas un prudent emploi des comptes courants à vue. Ces comptes devront être par conséquent limités comme contre-partie aux effets n'ayant plus que deux ou trois mois à courir, d'une rentrée autant que possible certaine, et pouvant être au besoin réescomptés.

D'autre part, il sera bon de limiter l'importance maxima de chaque compte, et de fixer une échelle de préavis pour les retraits, de façon à n'être jamais pris au dépourvu. Nous donnons sur ces divers points les indications pratiques dans le modèle de Règlement d'administration.

C'est vers les bons à échéance fixe que doivent tendre les efforts et les soins des administrateurs et des directeurs des caisses régionales. Ce sont là les vrais bons du trésor de l'agriculture, selon un mot expressif de M. Luzzatti au congrès de Menton. Par leurs échéances variant de trois mois à quatre ou cinq ans, ils constituent l'instrument le plus opportun pour l'exercice du crédit agricole, et transmissibles par voie d'endossement, ils deviennent une sorte de billets de banque de l'agriculture. Nous avons toujours conseillé cette forme de dépôts, et nos lecteurs n'ont qu'à se référer sur ce point à nos *Manuels des banques populaires* (1) et *des caisses agricoles* (2).

Ces bons constitueront un précieux instrument de crédit; comme l'a fait remarquer l'exposé des motifs du projet du gouvernement, « ils seront à égale « distance du billet de banque, qui est remboursable à vue, parce qu'il est « adossé soit à du numéraire, soit à des valeurs réalisables à brève échéance, « et de l'obligation foncière, qui est remboursable à long terme, parce qu'elle « est adossée à des opérations comportant une longue durée. Le bon sera ainsi « une obligation à moyen terme, analogue aux bons du Trésor, et constituera « une valeur de tout repos, en même temps qu'un placement utile aux fonds « personnels des caisses d'épargne, et peut-être un jour, si nos vœux et ceux « des congrès du crédit populaire et agricole se réalisent, au libre emploi régle- « menté des dépôts des caisses d'épargne, comme cela est pratiqué si heureu- « sement en Allemagne et en Italie (3). »

Quelle sera l'échéance de ces bons ? A notre avis elle devrait être adaptée au cycle des récoltes, à leur réalisation, sans oublier les éventualités de mévente et les mauvaises années, elle pourrait varier de neuf mois à trois ans, avec taux d'intérêt progressif suivant qu'elle sera plus ou moins éloignée.

Pour la fixation de l'intérêt à allouer aux dépôts, il ne faudra pas perdre de vue qu'en ce rôle de réception de la petite épargne, les caisses régionales ne doivent pas devenir les concurrentes des caisses locales, qu'au contraire il faut d'abord vers ces dernières diriger les épargnes selon les principes décen- tralisateurs qui sont la caractéristique de nos associations. A cet effet, les taux d'intérêt des caisses régionales devraient être toujours un peu au-dessous de ceux pratiqués par les caisses locales.

L'art. 5 établit que les dépôts à recevoir et les bons à émettre réunis ne pourront excéder les trois quarts du montant des effets en portefeuille (4).

____

(1) Cf. Manuel des Banques populaires, Paris, Guillaumin & Cie, page 33.

(2) Cf. Le Crédit agricole par l'association coopérative, Paris, Guillaumin & Cie, page 24.

(3) Voir Annexe C. Rapport de M. le sénateur V. Lourties.

(4) Pour atténuer les inconvénients que présente l'obligation de limiter les dépôts aux trois quarts du montant des effets en portefeuille, les caisses régionales pourraient, dès que le maximum

Ce chiffre étant par sa nature essentiellement variable, dans la pratique, il ne sera pas facile de se conformer à cette prescription. Pourquoi n'a-t-on pas laissé aux statuts, et de préférence à l'assemblée générale, le soin de fixer cette limite ?

Les administrateurs de caisses régionales feront donc bien de se tenir toujours au-dessous de la limite, et de faire coïncider, autant que possible, les émissions et la durée des bons avec les opérations d'avances et la moyenne de leurs échéances. C'est un point délicat, qui doit appeler toute leur attention. Il faut faire en sorte d'éviter de se trouver dans le cas de rembourser des dépôts par anticipation, c'est-à-dire d'astreindre un client à retirer ses fonds avant l'époque convenue, dans des institutions dont l'avenir repose principalement sur le concours de l'épargne. Une bonne mesure sera également la limitation, de même que nous l'avons conseillé pour les comptes courants, du maximum de la somme qui pourra être déposée par une même personne sous la forme de bon à échéance.

Le cadre des opérations des caisses régionales est défini par l'art. 2 de la loi. Il est strictement limité aux opérations concernant l'industrie agricole effectuées par les membres des sociétés locales de crédit agricole mutuel de la circonscription, et garanties par ces sociétés. Ces opérations se traduisent :

a) par l'escompte des effets que souscrivent les membres des sociétés locales et qu'endossent ces sociétés ;

b) par des avances à faire aux caisses locales pour la constitution de leur fonds de roulement.

Toutes autres affaires sont interdites.

En ce qui concerne les ressources nécessaires à ces opérations, elles sont prévues:

a) par l'art. 3, en ce qui a trait au montant des avances de l'État qui ne

---

légal serait atteint, engager les déposants à verser aux caisses locales ; elles pourraient même se charger d'effectuer la transmission des fonds.

Dans une intéressante étude publiée dans *le Bulletin du Musée Social*, M. Georges Maurin préconise la fixation de la limite d'après la moyenne du portefeuille pendant l'année précédente. C'est un moyen qui nous paraît pratique.

pourront excéder le montant du capital versé en espèces, et auront une durée
de cinq ans avec possibilité de renouvellement ;

b) par l'art. 5, qui vise la composition du capital social, l'intérêt maximum
à allouer aux parts, la limite des dépôts en compte courant et des bons à
échéance.

Ainsi compris, l'organe des caisses régionales est assez simple et d'un
maniement facile. On ne peut que regretter une fois de plus la limitation
imposée aux dépôts, et surtout la base donnée à cette limitation qui est de
nature à contrarier leur fonctionnement ; mais notre conseil de diriger les
excédents de dépôts vers les caisses locales atténue cet inconvénient, et
constitue un moyen de décentralisation et de propagande en faveur de ces
dernières, ce qui est aussi un des buts de la loi.

CHAPITRE III.

La gratuité des avances. — Affectation des bénéfices qui en dérivent à la constitution d'un fonds de réserve spécial et compensateur.

L'article 1er de la loi du 31 mars 1899 stipule que les avances seront faites par l'État aux caisses régionales sans aucun prélèvement d'intérêt. Cette disposition a été généralement critiquée, même par les intéressés ; c'est pour l'État un périlleux précédent, sans compter que la distribution du crédit gratuit, principe contraire aux sains principes économiques, fausse le sentiment de la valeur du capital, et affaiblit l'instinct de la responsabilité. Le congrès d'Angoulème avait conseillé le prélèvement d'un intérêt de 1% au dessous du taux de la Banque de France, et son affectation à la constitution *d'un fonds de prévoyance destiné à parer aux pertes qui pourraient se produire et à diminuer ainsi la responsabilité de l'État.*

La gratuité ayant été néanmoins et malgré tout votée, nous conseillons de l'envisager comme un encouragement transitoire, d'une durée limitée, et de considérer les bénéfices qui en résulteront au profit des caisses régionales non pas comme des profits de la gestion, mais comme des bonus exceptionnels, étrangers à cette gestion, et qu'il y aura lieu d'affecter à la constitution d'un fonds de réserve spécial. Il ne faut pas que la gratuité des avances de l'État devienne un moyen de distribuer le crédit à un taux s'éloignant trop du taux normal de l'escompte. Une pareille conception serait absolument fausse, et conduirait à des conséquences fâcheuses.

Habituer le cultivateur à emprunter en des conditions de bon marché obtenues par un expédient artificiel, c'est le placer dans une condition équivoque, c'est vicier ses calculs et ses prévisions le jour où ce procédé factice viendrait à manquer. En pareille matière, il faut être prévoyant. Il faut créer en faveur du monde agricole une organisation de crédit qui soit telle qu'elle puisse lui venir efficacement en aide non seulement dans le présent, mais aussi dans l'avenir. L'avenir, nous devons d'autant plus y penser, que la possibilité d'obtenir du crédit va encourager les agriculteurs à entreprendre, à perfectionner, à développer leurs cultures, à accroître leur production, de sorte que l'appui du crédit leur deviendra de plus en plus nécessaire.

Faire servir le profit résultant de la gratuité des avances de l'État à la constitution d'un fonds spécial de réserve, dont l'objet sera de préparer pour les caisses régionales un capital de plus, ne comportant pas d'intérêt, et aidant à assurer le bon marché du crédit, même pour le moment où cesseront les avances de l'État, telle est la manière qui nous paraît la meilleure de tirer partie d'une libéralité que nous avons condamnée en principe, mais dont nos agriculteurs chercheront ainsi à réparer l'erreur économique, qui ne leur est pas imputable, puisqu'ils n'avaient pas sollicité pareille faveur par un de ces actes de bon sens qui leur sont familiers.

Nous consacrerons donc dans nos statuts le principe de l'affectation de la totalité, ou d'une partie des bénéfices provenant de la gratuité des avances accordées par l'État à la constitution d'un fonds de réserve spécial et compensateur.

CHAPITRE IV.

Fondation d'une caisse régionale. — Formation du capital. — Sa variabilité. — Modèle de statuts. — Formalités à remplir. — Règlement d'administration.

Quelles seront les formalités à remplir pour la fondation d'une caisse régionale? L'article 1er de la loi dit que ces caisses seront organisées d'après les dispositions de la loi du 5 novembre 1894. Elles devront être constituées soit par la totalité des membres d'un ou de plusieurs syndicats professionnels agricoles, soit par une partie des membres de ces syndicats, soit par les caisses locales : l'art. 5 de la loi du 31 mars 1899 réserve à ces dernières les deux tiers des parts, et on a vu que, d'après les déclarations apportées à la tribune par le président de la commission sénatoriale, M. Gouin, comme d'après les instructions transmises aux préfets par le ministre de l'Agriculture (1), on doit comprendre sous la désignation de sociétés locales les sociétés fondées sous l'empire de la loi du 5 novembre 1894 et les sociétés établies sous l'empire de la loi du 24 juillet 1867.

Les promoteurs naturels et désignés des caisses régionales nous paraissent devoir être les unions de syndicats et les groupements régionaux de sociétés locales de crédit agricole là où il en existe, en combinant, autant que possible, leur action (2). C'est dans cette pensée que la résolution votée par le congrès d'Angoulême émettait tout d'abord le vœu que l'ensemble du projet de loi s'harmonisât avec l'organisation actuelle des syndicats, des unions des syndicats agricoles et avec les résultats déjà obtenus. Ces groupements feront appel aux syndicats, aux caisses agricoles locales, et aux membres des syndicats, en vue de la souscription des parts devant former le capital initial.

Ces divers éléments auront intérêt à patronner une telle institution, à

---

(1) Voir Annexe I.

(2) Dans les Alpes-Maritimes l'initiative de la fondation d'une caisse régionale a été prise par le Groupe départemental des sociétés de crédit populaire conjointement avec l'Union des syndicats agricoles.

souscrire des parts, avec le dessein de contribuer à une initiative utile et de faire un placement sûr, supérieur à tant d'autres vers lesquels le public est attiré par des réclames aussi fallacieuses qu'habiles. Réserver une partie de ses économies à une œuvre de progrès agricole local, ce sera une bonne œuvre en même temps qu'une bonne opération.

La caisse régionale devra se constituer avec un capital proportionnel à l'importance et au nombre des caisses agricoles locales; ce capital, étant variable, pourra être augmenté au fur et à mesure de la fondation de caisses locales nouvelles. Le capital sera formé de parts qui pourront même être de valeur inégale. Les parts seront nominatives, et ne seront transmissibles que par voie de cession aux sociétés ou personnes pouvant faire partie des caisses régionales, avec l'agrément préalable de la société.

Au moment de la constitution, il faudra verser au moins le quart du capital; le surplus sera versé successivement, lorsque le conseil d'administration le jugera utile. Le capital ne pourra jamais être réduit par les reprises des apports au-dessous du montant du capital de fondation. Mais le capital de fondation peut être modeste, et grâce au système de la variabilité, il peut être successivement augmenté dans des proportions sensibles. Pour maintenir le crédit de l'institution et empêcher sa dislocation par une coalition quelconque, il est nécessaire que les statuts fixent également une limite de non réductibilité pour la partie de capital qui excède le capital de fondation.

Une fois le capital de fondation réuni et le premier versement du quart effectué, les promoteurs convoquent une assemblée générale dans laquelle les statuts seront définitivement arrêtés.

Nous en donnons ici un type étudié avec soin.

— 41 —

STATUTS DE LA CAISSE RÉGIONALE DE CRÉDIT AGRICOLE MUTUEL

DE . . . .

§ I.

Dénomination. — But. — Siège. — Circonscription territoriale. — Durée.

ARTICLE PREMIER. — Entre les sociétés locales de crédit agricole mutuel, les membres de syndicats agricoles soussignés, et les sociétés ou personnes se trouvant dans les mêmes conditions, qui adhèreront par la suite aux présents statuts, il est formé une société régionale de crédit agricole mutuel, à capital variable, sous la dénomination de *Caisse régionale de crédit agricole mutuel de* . . . ., qui sera régie par les lois du 5 novembre 1894, du 31 mars 1899, et par les présents statuts.

ART. 2. — La caisse a pour but de faciliter les opérations concernant l'industrie agricole effectuées par les membres des sociétés locales de crédit agricole mutuel du département ou des départements de . . . . et garanties par ces sociétés. Elle ne fait d'opérations d'escompte et d'avances qu'avec les caisses locales ayant souscrit des parts.

ART. 3. — Le siège de la société est à . . . .

Il peut être déplacé par délibération de l'assemblée générale sur la proposition du conseil d'administration.

ART. 4. — Sa circonscription territoriale est limitée au département ou aux départements de . . . .

ART. 5. — La durée de la société est de 99 ans, et pourra être prorogée par délibération de l'assemblée générale.

§ II.

Capital social.

ART. 6. — Le capital de fondation est fixé à la somme de . . . . francs divisé en . . . . parts de . . . . francs chacune, dont les deux tiers seront réservés de préférence aux sociétés locales de crédit mutuel agricole du département ou des départements de . . . .

NOTA. — D'après le paragraphe 3 de l'article 1er de la loi du 5 novembre 1894, les parts peuvent être de valeur inégale. Dans ce cas, inscrire la série des parts et la valeur attribuée à chacune. Exemple :

Série A, parts de 100 francs.
Série B, parts de 50 francs.
Série C, parts de 25 francs.

Il pourra être augmenté, au moyen de l'adjonction de nouveaux membres et de la souscription de nouvelles parts faite par les sociétaires, jusqu'à concurrence de .... francs par délibération du conseil d'administration, et au-dessus par délibération de l'assemblée générale. Les deux tiers des nouvelles parts à émettre seront réservés de préférence aux sociétés locales de crédit agricole mutuel du département ou des départements de ....

Art. 7. — Le capital social peut être réduit par le remboursement de leurs parts soit aux sociétaires démissionnaires ou exclus, soit aux ayants droit des sociétaires décédés.

En aucun cas le capital social ne pourra être réduit par les reprises des parts des sociétaires sortant par démission, par exclusion, ou par décès, au-dessous du montant du capital de fondation, et dans le cas où le capital aurait été augmenté, au-dessous du capital de fondation plus la moitié de la partie de capital provenant de l'augmentation.

Art. 8. — Les parts sont payables à raison d'un quart au moment de la souscription et le solde .... après la constitution définitive de la société.

Après la constitution de la société, les parts sont libérées d'après les conditions arrêtées par le conseil d'administration.

Les parts produisent un intérêt annuel qui ne pourra dépasser 3 % du capital versé, et qui ne sera distribué que tout autant que les bénéfices annuels le permettront.

Art. 9. — La société, outre l'action personnelle contre les retardataires, peut, trois mois après mise en demeure, annuler les parts non libérées. Les sommes versées sont en ce cas restituées au sociétaire retardataire qui sera exclu.

Le remboursement n'aura lieu que d'après la valeur des parts établie par l'inventaire social arrêté après cette annulation, sans tenir compte de leur quote-part dans le fonds de réserve.

Art. 10. — Les sociétaires ne sont engagés qu'à concurrence des parts souscrites par eux (1).

Art. 11. — Les parts sont nominatives.

La souscription est constatée sur un registre spécial, et par la remise d'un certificat signé de deux administrateurs, constatant le nombre des parts, et portant un numéro d'ordre.

Le sociétaire qui viendrait à perdre son certificat peut, en justifiant de sa pro-

____

(1) Les sociétés qui voudraient élever l'étendue de la responsabilité au-dessus du montant des parts souscrites pourraient remplacer l'art. 10 par le suivant :

"Les sociétaires sont engagés solidairement, quant aux engagements sociaux, jusqu'à concurrence de X fois le montant des parts souscrites".

priété, se faire délivrer un duplicata deux mois après notification de la perte, par lettre recommandée, à la société.

Art. 12. — Les parts ne peuvent être cédées qu'aux conditions suivantes :

a) que le cessionnaire remplisse les conditions énoncées aux art. 1 et 13 et ait été agréé au préalable par le conseil d'administration ;

b) que le cédant ne soit débiteur de la société à aucun titre, direct ou indirect.

Toute cession ou mise en nantissement en dehors de ces conditions est nulle au regard de la société.

La cession s'opère par une déclaration inscrite sur le certificat, et signée du cédant ainsi que du cessionnaire, ou de leurs mandataires.

Si les parties ne savent ou ne peuvent signer, le transfert est régularisé par une mention relatant ce fait et par la signature de deux administrateurs.

Les sociétés locales de crédit agricole mutuel sont représentées par qui de droit suivant leurs statuts.

§ III.

Des Sociétaires.

Art. 13. — La société n'admet dans son sein que les sociétés locales de crédit agricole mutuel établies dans le département ou les départements de ⋯⋯ et les personnes majeures faisant partie d'un syndicat agricole et présentant des conditions suffisantes de moralité.

L'admission est considérée comme non avenue en cas de non versement du montant des parts souscrites aux époques fixées par le conseil d'administration.

Le maximum du nombre des parts pouvant être possédées par une seule société ou par une seule personne est fixé à ⋯⋯

Art. 14. — Les demandes d'admission sont adressées par écrit au conseil d'administration, qui a le pouvoir de les accepter ou de les repousser, sans être tenu de motiver ses décisions.

Le candidat non admis peut en appeler à l'assemblée générale qui statue en dernier ressort.

Art. 15. — On perd la qualité de sociétaire :

a) par la sortie volontaire. Le sociétaire doit prévenir par écrit le conseil d'administration dans les six premiers mois de l'exercice social. La sortie n'a d'effet qu'après l'assemblée générale ayant approuvé les comptes annuels.

b) par décès ;

c) par exclusion ;

d) dans le cas où un sociétaire cesse de faire partie d'un syndicat agricole.

Art. 16. — Tout sociétaire qui :

a) tomberait en état de faillite ou de liquidation judiciaire :

b) aurait subi des peines correctionnelles ou criminelles ;

c) se serait laissé poursuivre faute de payement de ses dettes envers la société ;

d) aurait essayé de compromettre la bonne marche de la société ;

e) et ne remplirait pas les obligations statutaires,

sera exclu provisoirement par le conseil. La radiation ne sera définitive qu'après l'exclusion prononcée par l'assemblée générale, à la majorité des votants, ainsi qu'il est dit à l'art. 38.

Art. 17. — Les sociétaires ont l'obligation :

a) de verser à la caisse sociale le montant de leurs parts, comme il est dit à l'article 8 ;

b) d'observer les statuts et règlements sociaux, d'assister aux assemblées générales, et de favoriser, par tous les moyens en leur pouvoir, les intérêts de la société.

Art. 18. — En cas de démission ou d'exclusion, le sociétaire n'a droit qu'au remboursement de ses parts calculées d'après le dernier inventaire. Il n'a aucun droit sur le fonds de réserve.

Le remboursement n'aura lieu que trois mois après l'assemblée générale ayant approuvé les comptes de l'exercice.

Art. 19. — En cas de décès d'un sociétaire, l'avoir lui revenant est mis à la disposition de ses ayants droit dans les mêmes conditions que pour les sociétaires exclus ou démissionnaires.

Les ayants droit peuvent prendre la part du sociétaire décédé, sauf approbation du conseil d'administration.

Toutefois, la part étant indivisible et la société ne reconnaissant qu'un seul propriétaire par part, les ayants droit devront désigner celui d'entre eux qui remplacera nominalement le défunt.

Il ne peut en aucun cas, même de décès ou de faillite d'un sociétaire, être requis contre la société ni apposition de scellés, ni inventaire, ni partage, et nul ne peut s'immiscer dans l'administration.

La société ne peut être dissoute par la mort, la retraite, l'interdiction, la faillite, la déconfiture d'un ou de plusieurs associés. Elle continuera de plein droit entre les autres associés.

Art. 20. — Dans tous les cas, aucun remboursement ne peut avoir lieu qu'après compensation avec ce qui peut rester dû à la société par le sociétaire sortant ou décédé.

Tout solde dû au sociétaire sorti ou décédé et non réclamé dans les cinq ans est acquis à la société et porté à la réserve.

Le sociétaire sortant n'est libéré de ses engagements qu'après liquidation des opérations contractées avant sa sortie ; sa responsabilité n'est toutefois engagée que dans les limites prévues à l'art. 10.

§ IV.

Des opérations de la Société.

ART. 21. — Conformément au but de la société énoncé à l'article 2, la caisse fait les opérations suivantes :

a) escompte des effets souscrits par les membres des sociétés locales de crédit agricole mutuel et endossés par ces sociétés ;

b) avances à ces sociétés des sommes nécessaires à leur fonds de roulement ;

c) réception de dépôts en compte courant, dont le maximum global ne devra pas dépasser le montant du capital social souscrit ;

d) émission de bons à échéance fixe de six mois à cinq ans, dont le maximum global ne devra pas dépasser le montant du capital social souscrit.

Le montant des dépôts en compte courant et des bons à échéance réunis ne pourra jamais excéder les trois quarts du montant des effets en portefeuille ; ce chiffre pourra être déterminé d'après la moyenne du portefeuille pendant l'exercice antérieur. Dans le cas où pour se conformer à cette limitation, il serait nécessaire de rembourser une partie des dépôts, le conseil d'administration devra aviser les déposants vingt jours à l'avance, et les dépôts à rembourser seront désignés par le sort.

e) réescompte du portefeuille à la Banque de France, aux caisses d'épargne et à des banques populaires ;

f) emprunt des capitaux nécessaires au fonctionnement de la société ;

g) versements des fonds momentanément disponibles à d'autres institutions de crédit agricole mutuel, caisses d'épargne, banques populaires reconnues solvables.

ART. 22. — Le taux des avances et de l'escompte ne pourra dépasser de 1 % le taux le plus élevé servi aux bons à échéance.

ART. 23. — La durée des avances ne doit pas dépasser deux ans. Suivant les circonstances la caisse peut exiger que des amortissements soient versés par périodes semestrielles. Des renouvellements peuvent être accordés.

Les avances deviennent immédiatement remboursables en cas de violation des statuts ou de modifications à ces statuts qui diminueraient les garanties de remboursement.

ART. 24. — Les caisses locales de crédit agricole mutuel qui obtiennent des avances et auxquelles le réescompte est accordé devront déposer dans la caisse sociale leurs certificats de parts, qui, aux termes des articles 2071 et suivants du Code civil, deviennent le gage sur lequel la société a le droit de se rembourser par privilège et de préférence à tous les autres créanciers.

§ V.

Administration.

Art. 25. — La société est administrée par :
a) le conseil d'administration ;
b) la commission de surveillance ;
c) l'assemblée générale ;
d) le directeur.

a) Conseil d'administration.

Art. 26. — Le conseil d'administration se compose de   membres au moins élus par la première assemblée générale ; ce nombre peut être augmenté par l'assemblée générale jusqu'à un maximum de   en cas de besoin constaté.

Les administrateurs doivent être propriétaires d'au moins   parts pour la garantie de leur gestion, et les déposer dans la caisse sociale : s'ils n'en possèdent pas ce nombre au jour de l'élection, ils doivent, dans le mois, acquérir celles qui manquent pour le compléter.

Les administrateurs restent en fonctions pendant trois ans, et sont renouvelables par tiers chaque année. Ils sont rééligibles.

Le renouvellement est fixé par un tirage au sort pendant les deux premières années.

En cas de décès ou de démission d'un membre du conseil d'administration, le conseil peut pourvoir à son remplacement provisoire jusqu'à la prochaine assemblée générale qui procède à l'élection définitive. Le nouveau membre est nommé pour le temps restant à remplir par son prédécesseur.

Art. 27. — Le conseil choisit chaque année son président, un vice-président et un secrétaire, qui sont rééligibles.

Si le conseil ne nomme pas un secrétaire spécial, le directeur remplit les fonctions de secrétaire du conseil.

Art. 28. — Le conseil se réunit au moins une fois par mois. Les délibérations sont prises à la majorité des voix. Pour que le conseil délibère valablement, il faut que la majorité des membres soit présente.

En cas de partage la voix du président est prépondérante.

Il est tenu un registre des délibérations. Les procès-verbaux sont signés par le président et le secrétaire.

Art. 29. — Tout membre du conseil qui, sans motif légitime, aura manqué à trois séances consécutives, peut être considéré comme démissionnaire.

Art. 30. — Le conseil est investi des pouvoirs les plus étendus. Tout ce qui n'est pas réservé expressément à l'assemblée générale est de sa compétence, et notamment :

a) il admet ou refuse les sociétaires, accepte les démissions et prononce les exclusions provisoires ;

b) il statue sur les demandes de prêts et veille à leur rentrée ;

c) il détermine le maximum de crédit pouvant être accordé à une seule caisse locale, le taux des emprunts, des dépôts, de l'escompte, des avances ;

d) il fait tous règlements intérieurs en harmonie avec les présents statuts ; il fixe les dépenses d'administration, surveille la comptabilité, arrête les bilans et inventaires à soumettre à l'assemblée générale ;

e) il nomme le directeur, l'inspecteur, les employés, règle leurs traitements et attributions, et les révoque au besoin ;

f) il plaide, transige, compromet, donne toutes quittances et mainlevées, intente et suit toutes actions judiciaires et autres, et, généralement, fait tout ce qui rentre dans l'objet de la société non prévu par les présentes ;

g) il convoque les assemblées générales ordinaires, lorsque l'intérêt social l'exige.

Tous les actes concernant la société doivent porter la signature d'un administrateur et celle du directeur.

Art. 31. — Le conseil peut déléguer tout ou partie de ses pouvoirs à un ou plusieurs de ses membres, et même à un ou plusieurs sociétaires.

Il se fait représenter en justice soit par le président, soit par le directeur.

Art. 32. — Les administrateurs ne contractent aucune obligation solidaire ou personnelle. Ils ne sont responsables que de l'exécution de leur mandat.

b) Commission de surveillance.

Art. 33. — La commission de surveillance se compose de ________ sociétaires nommés par l'assemblée générale. Leurs fonctions durent une année. Ils sont rééligibles.

Ils veillent à l'exécution des statuts, des règlements et des délibérations de l'assemblée générale. Ils se réunissent au moins une fois par trimestre, et dressent de leur vérification un procès-verbal qui est communiqué au conseil d'administration.

Ils présentent à chaque assemblée ordinaire un rapport écrit sur les opérations de l'exercice écoulé.

Ils peuvent, s'ils le jugent utile, convoquer l'assemblée générale.

c) Assemblée générale.

Art. 34. — L'assemblée générale, régulièrement constituée, représente l'universalité des sociétaires ; ses décisions sont obligatoires, même pour les absents ou dissidents.

Elle se réunit une fois par an avant le 31 mai. Elle peut aussi être convoquée à titre extraordinaire par le conseil d'administration, par la commission de surveillance, ou sur une demande écrite portant la signature du cinquième des sociétaires et indiquant les objets à traiter.

Art. 35. — Les convocations ont lieu par lettres adressées aux sociétaires au moins huit jours à l'avance, et contenant l'ordre du jour, qui est fixé par le conseil d'administration, et devra comprendre toutes propositions soumises par écrit au conseil quinze jours avant la réunion de l'assemblée avec la signature du dixième au moins des sociétaires.

L'avis de convocation sera en outre affiché à la porte du siège social, et publié dans le bulletin de l'union des syndicats de la région où la caisse fonctionne, s'il en existe un.

Art. 36. — L'assemblée est présidée par le président du conseil d'administration assisté de deux scrutateurs choisis par elle.

Le directeur remplit les fonctions de secrétaire.

Art. 37. — L'assemblée est régulièrement constituée quand le nombre des sociétaires présents ou représentés atteint le quart du capital social souscrit. A défaut, il est procédé à une seconde convocation à huitaine, avec le même ordre du jour, et cette fois les décisions sont valables, quelle que soit l'importance du capital représenté.

Art. 38. — L'assemblée générale qui aurait à statuer sur des augmentations du capital, des modifications aux statuts, sur l'exclusion de sociétaires, ou sur la dissolution anticipée de la société, devra se composer d'un nombre de sociétaires représentant au moins la moitié du capital social souscrit, et délibérera à la majorité des présents. Dans le cas où l'assemblée ne réunirait pas ce nombre, une nouvelle convocation sera faite à quinze jours au moins d'intervalle, et cette fois elle délibérera valablement, quel que soit le nombre des parts représentées.

Art. 39. — Les délibérations sont prises à mains levées et avec contre-épreuve. Si la majorité des présents le demande, on procède au scrutin secret.

Chaque sociétaire n'a qu'une voix quelque soit le nombre des parts possédées ; toutefois les sociétés faisant partie de la caisse régionale auront une voix par cinq parts souscrites, sans cependant avoir droit à plus de cinq voix par société.

Les sociétaires peuvent en outre avoir une voix en plus de la leur en qualité de mandataires d'un ou de plusieurs sociétaires non présents.

Nul ne peut être représenté que par un sociétaire muni d'un pouvoir régulier.

En cas de partage, la voix du président est prépondérante.

Art. 40. — Les délibérations sont constatées par un procès-verbal, qui est transcrit sur un livre spécial et signé par les membres du bureau.

Une feuille de présence contenant les noms et les domiciles des présents ou représentés est annexée au procès-verbal, après avoir été certifiée par le bureau.

Les extraits ou copies à produire sont signés par le président et le secrétaire du conseil.

Art. 41. — L'assemblée générale entend :

a) les rapports du conseil d'administration et de la commission de surveillance ;

b) elle examine, approuve ou rejette les comptes qui lui sont soumis ;

c) elle nomme les administrateurs et les commissaires de surveillance ;

d) elle statue sur les augmentations ou les diminutions du capital et sur les modifications à apporter aux statuts ;

e) elle statue en dernier ressort sur les admissions et exclusions des sociétaires ;

f) elle prend dans l'intérêt social toute mesure qui ne serait pas contraire aux présents statuts.

d) **Directeur.**

Art. 42. — Le directeur exécute les décisions du conseil d'administration.

Il est chargé de la tenue des livres et de la gestion de la caisse. Il prépare les comptes et les inventaires à présenter aux assemblées générales. Il est responsable de tous les documents, valeurs et espèces qui lui sont consignés. Il peut être appelé à remplir les fonctions de secrétaire du conseil d'administration, et remplit celles de secrétaire des assemblées générales. Il assiste avec voix consultative aux séances du conseil d'administration, à moins que le conseil ne décide de délibérer hors sa présence.

§ VI.

Inspection.

Art. 43. — La caisse se réserve un droit d'inspection sur les sociétés locales affiliées.

L'inspection sera pratiquée par un délégué du conseil d'administration pouvant être pris en dehors de la société et d'après les règles fixées dans le règlement général.

Toutefois les sociétés locales faisant partie d'un groupe pourront être exonérées de l'inspection, à la condition de fournir périodiquement au conseil d'administration le rapport de l'inspecteur du groupe auquel elles appartiennent.

4.

§ VII.

Inventaire. — Bénéfices. — Réserves.

Art. 44. — L'année sociale commence le 1er janvier et finit le 31 décembre.

Par exception, le premier exercice ne comprend que le temps à courir de la date de la constitution définitive au 31 décembre suivant.

Art. 45. — A la fin de chaque exercice, un inventaire est dressé contenant les dettes actives et passives de la société ; cet inventaire est complété par le bilan.

Art. 46. — Les sommes résultant des prélèvements opérés au profit de la caisse sur les opérations faites par elle seront, après acquittement des frais généraux et payement des intérêts des emprunts et du capital social, ces derniers ne devant pas dépasser 3 %, affectées d'abord jusqu'à concurrence des trois quarts au moins à la constitution d'un fonds de réserve jusqu'à ce qu'il ait atteint l'importance du capital social.

Dans le chapitre des intérêts payés par la société sur les emprunts par elle contractés, sera compris le montant des intérêts que la caisse aurait dû payer sur les avances à elle consenties par l'État, si la gratuité accordée par la loi du 31 mars 1899 n'avait pas existé. Ces intérêts seront calculés sur le pied des intérêts servis aux dépôts en compte courant pendant l'année, et le produit en sera passé au crédit d'un fonds de réserve spécial dénommé *fonds de réserve compensateur*.

Le surplus des bonis sera attribué : moitié au directeur et aux employés d'après la répartition arrêtée par le conseil d'administration ; moitié aux caisses locales qui auront fait des opérations avec la société, et ce au prorata des prélèvements opérés.

Art. 47. — Tous intérêts et bonis non réclamés dans les cinq ans sont acquis à la société et versés à la réserve.

§ VIII.

Dissolution. — Liquidation.

Art. 48. — En cas de perte du quart du capital social ou de diminution de ce capital au-dessous des limites fixées par l'art. 7, le conseil d'administration convoque l'assemblée générale afin de statuer si la société doit être continuée ou dissoute.

L'ordre du jour doit mentionner expressément l'objet de l'assemblée. La dissolution ne peut être prononcée qu'à la majorité des trois quarts des voix de l'assemblée, qui doit comprendre la moitié au moins du capital souscrit.

ART. 49. — En cas de dissolution anticipée, l'assemblée nomme un ou deux liquidateurs, à qui elle peut conférer les pouvoirs les plus étendus.

Pendant la liquidation les pouvoirs de l'assemblée continuent.

La répartition de l'actif devra être opérée entre les sociétaires proportionnellement à leur part dans le capital social.

Les fonds de réserve et le surplus de l'actif seront affectés :

a) si sept sociétaires au moins en font la demande, à la réorganisation de l'institution;

b) à défaut, à des œuvres d'intérêt agricole que l'assemblée indiquera.

§ IX.

Contestations. — Élection de domicile.

ART. 50. — Toute contestation entre les sociétaires, ou entre eux et la société, sur l'exécution des présents statuts est soumise à la juridiction des tribunaux de commerce.

Les sociétaires sont tenus d'élire domicile à........................... ; à défaut, toute notification leur sera valablement faite à la mairie du siège social.

§ X.

Dispositions diverses.

ART. 51. — Les présents statuts pourront être modifiés par l'assemblée générale conformément aux prescriptions de l'art. 38.

ART. 52. — Avant toute opération les statuts seront déposés au ministère de l'Agriculture.

Ils seront également déposés, en double exemplaire, avec la liste complète des administrateurs ou directeurs et des sociétaires, indiquant leurs noms, profession, domicile et le montant de chaque souscription, au greffe de la justice de paix du canton de........................

Chaque année, dans la première quinzaine de février, il sera déposé, en double exemplaire, à ce même greffe, la liste des membres faisant partie de la société à cette époque, le tableau sommaire des recettes et des dépenses, ainsi que des opérations effectuées dans l'année précédente.

Le conseil d'administration est chargé de la publication des présents statuts.

FORMALITÉS CONSTITUTIVES

La souscription du capital et le versement du quart seront constatés par un état dressé sur une feuille de papier timbré conformément au modèle suivant :

CAISSE RÉGIONALE DE CRÉDIT AGRICOLE MUTUEL DE...........................

Société à capital variable constituée d'après les lois du 5 novembre 1894 et du 31 mars 1899.

Liste de souscription des parts et du premier versement effectué (1).

NOMS ET PRÉNOMS	PROFESSIONS	DOMICILES	PARTS SOUSCRITES		VERSEMENTS EFFECTUÉS
			NOMBRE	MONTANT	

L'assemblée constitutive aura à délibérer sur l'ordre du jour suivant :

Approbation des statuts ;

Vérification de la liste de souscription et des versements opérés ;

Nomination du conseil d'administration ;

Nomination de la commission de surveillance.

Il sera dressé de l'assemblée un procès-verbal d'après le modèle ci-après, qui sera inscrit dans le registre des procès-verbaux des assemblées générales.

(1) Sur papier timbré à 0,60.

CAISSE RÉGIONALE DE CRÉDIT AGRICOLE MUTUEL DE..

Société à capital variable constituée d'après les lois du 5 novembre 1894 et du 31 mars 1899.

PROCÈS-VERBAL DE L'ASSEMBLÉE GÉNÉRALE CONSTITUTIVE

L'an...le...à.............heures du......................................
les sociétaires fondateurs de la Caisse régionale de crédit agricole mutuel de.........................
.... société à capital variable, constituée d'après les lois du 5 novembre 1894 et du 31 mars 1899, se sont réunis en assemblée générale constitutive à (1)...

L'assemblée, après s'être consultée, choisit le bureau.

Sont élus :

Président :...

Scrutateurs: M..et M..

Secrétaire : M..

tous acceptant.

Le président annonce que l'assemblée est en nombre et peut valablement délibérer.

Il dépose sur le bureau la liste de souscription des parts sociales et des versements effectués (p. 52). Il résulte de cette liste qu'il a été souscrit par.......................membres
...................................parts s'élevant à fr.........................sur lesquels il a été versé
fr..

Il rappelle que d'après les statuts, la société doit être administrée par un conseil de.......................membres.

Après avoir délibéré entre eux, les sociétaires proposent de nommer administrateurs MM..

Il est procédé au vote, et après épreuve sont nommés administrateurs MM.

L'assemblée désigne ensuite.......................membres de la commission de surveillance. On procède au vote, et après épreuve, sont nommés MM..

Les administrateurs et les commissaires ont déclaré accepter ces fonctions.

Rien n'étant plus à l'ordre du jour, le président annonce que le conseil d'administration va se réunir pour nommer son président et le directeur, arrêter le règle-

(1) Indiquer la ville et le local où l'assemblée est tenue.

ment intérieur, et prendre les dernières dispositions en vue de l'ouverture des opérations de la Caisse, qui est fixée au ——— . . . .

La séance est levée à — ———— heures.

(Suivent les signatures du président, des scrutateurs et du secrétaire).

MODÈLE DE FEUILLE DE PRÉSENCE POUR ASSEMBLÉE GÉNÉRALE (1).

NOMS ET PRÉNOMS	DOMICILES	NOMBRE DE PARTS	SIGNATURES

(1) Sur papier timbré à 0,60.

Un exemplaire des statuts sera dressé sur papier timbré et enregistré. Le droit d'enregistrement est proportionnel et de 0,25 % sur le capital souscrit.

D'après l'art. 5, § 2, de la loi du 31 mars 1899, avant toute opération, les statuts devront être déposés au ministère de l'Agriculture. Avant toute opération aussi il faudra, d'après l'art. 5, § 2, de la loi du 5 novembre 1894, déposer au greffe de la justice de paix du canton où la caisse régionale a son siège :

deux exemplaires des statuts ;

deux exemplaires de la liste complète des administrateurs ou directeurs et des sociétaires indiquant leurs noms, professions et domiciles et le montant de chaque souscription, c'est-à-dire de la liste conforme au modèle que nous avons donné à la page 52, en ayant soin de placer en tête les administrateurs ou directeurs.

Le greffier en délivrera récépissé.

Il résulte des solutions arrêtées entre les ministères de la Justice et des Finances :

1° Que les récépissés que les greffiers des justices de paix délivrent, *dans tous les cas, lors de ces dépôts*, ne sont pas sujets à enregistrement *dans un délai déterminé*, mais doivent être sur papier au timbre de dimension (0,60) ;

2° Que les greffiers des justices de paix et des tribunaux de commerce sont, d'une manière générale et absolue, dispensés de dresser acte des dépôts qui leur sont faits en exécution de la loi du 5 novembre 1894 ;

3° Que les pièces à déposer présentées sous forme d'imprimés ou de simples copies signées ou non par les représentants de la société sont exemptes du timbre, à moins qu'elles ne soient établies sous la forme d'actes réguliers, c'est-à-dire devant notaire (1).

____

(1) Voir Annexe G. Circulaire de la Direction générale de l'Enregistrement.

RÈGLEMENT GÉNÉRAL D'ADMINISTRATION

Conseil d'administration.

Le conseil d'administration se réunit, sur convocation du président, une fois par mois et plus souvent si les besoins de la caisse régionale l'exigent. Les séances ont lieu au siège social à................... heures du..... . .. . .

Le conseil examine les demandes d'admission et d'avances. Pour ce qui concerne les avances, afin d'éviter tout retard, il dresse au préalable un état du maximum de crédit pouvant être accordé à chaque caisse locale tant sous la forme de réescompte que sous la forme d'avances directes. Dans l'évaluation de ces crédits, le conseil tiendra compte de la nature des sociétés faisant partie de la caisse régionale, à savoir si elles sont à solidarité ou à responsabilité limitée, du nombre de leurs membres, du nombre et du montant des prêts accordés par ces sociétés durant le dernier exercice, de l'importance de leurs ressources : capital, réserves et dépôts, et du genre de culture de la région.

Les caisses locales devront adresser chaque mois à la caisse régionale la situation de leurs comptes, et à la fin de chaque exercice une copie de leur inventaire d'après les modèles qui leur seront fournis. Elles devront également lui envoyer une copie des procès-verbaux de leurs assemblées générales.

Le conseil examine les écritures, statue sur les emprunts à contracter, détermine le taux des emprunts, des dépôts, des avances, de l'escompte, qui, pour les avances et les escomptes, ne pourra dépasser de 1 % le taux le plus élevé servi aux dépôts à échéance, et arrête le montant des commissions à percevoir.

Le conseil fixe les époques des inspections et statue sur les rapports qui lui sont présentés par l'inspecteur.

Commission de surveillance.

La commission de surveillance se réunit au moins une fois par trimestre.

Elle veille à l'exécution des statuts, des règlements, des délibérations de l'assemblée générale ; surveille et vérifie la comptabilité, la caisse, le portefeuille ; examine l'importance des engagements, la proportion des dépôts avec les effets en portefeuille; fait, en un mot, le nécessaire pour assurer le régulier fonctionnement de la société.

Ses observations sont consignées dans un procès-verbal qui est communiqué au conseil d'administration.

Directeur.

Le directeur doit s'occuper avec zèle des intérêts de la société, tenir la comptabilité constamment à jour, faire une fois par mois, au moins, le relevé des valeurs en portefeuille, des dépôts, des bons à échéance, des emprunts contractés, ainsi qu'un état sommaire de la situation de la caisse, veiller à la rentrée des effets, tenir la correspondance, assister aux séances du conseil d'administration, aux assemblées, en rédiger les procès-verbaux respectifs.

Il dresse à la fin de chaque exercice un inventaire des dettes actives et passives de la société; l'inventaire est complété par le bilan. Il doit être soumis au conseil d'administration et à la commission de surveillance avant le 31 janvier.

Le bilan comprendra à l'*actif* :

l'encaisse ;

le montant des prêts accordés ;

le montant des effets réescomptés aux caisses locales ;

les créances diverses ;

les intérêts non échus sur les emprunts contractés et sur les dépôts.

Il comprendra au *passif:*

les dépôts en compte courant ;

les bons à échéance ;

les emprunts contractés ;

les dettes diverses ;

les intérêts non échus sur les prêts accordés ;

le fonds social ;

les réserves ;

les bénéfices nets.

Le conseil d'administration, dans le cas où l'importance des opérations l'exigerait, pourra adjoindre au directeur un employé chargé particulièrement du service de la caisse, de la rentrée des effets et des autres attributions qu'il jugerait bon de lui attribuer.

Inspecteur.

L'inspecteur est chargé de visiter périodiquement les caisses locales faisant partie de la Caisse régionale.

Il relève directement du conseil d'administration, qui fixe l'ordre de ses tournées. Ces fonctions peuvent être déférées au directeur, et au besoin à un membre du conseil d'administration ou de la commission de surveillance.

Ne seront pas soumises à l'inspection les caisses locales faisant partie d'un groupe, à la condition de fournir périodiquement au conseil d'administration les rapports de son inspecteur.

L'inspecteur s'assurera au préalable de la régularité de la constitution des caisses locales, de l'exécution régulière des dispositions règlementaires, de la tenue des assemblées générales aux époques fixées par les statuts, du fonctionnement des organes sociaux, de la marche des prêts, de leur affectation, de leur rentrée, de la tenue de la comptabilité, de l'état de la caisse : le tout conformément aux instructions générales données par le conseil et contenues dans le plan d'inspection (1).

OPÉRATIONS SOCIALES

Réescompte.

L'échéance des effets présentés au réescompte ne devra pas dépasser 90 jours ; ils pourront être renouvelés. Ils devront être stipulés payables au siège de la caisse régionale. Les demandes de renouvellements devront être soumises au moins cinq jours avant l'échéance des effets en cours ; en cas d'acceptation les effets seront renouvelés pour une nouvelle période trimestrielle, à moins de circonstances exceptionnelles dont le conseil d'administration sera seul appréciateur. Le conseil pourra exiger la justification de l'objet des effets soumis au réescompte.

Avances.

Les demandes d'avances devront être faites par écrit avec mention détaillée de leur objet et de leur durée qui, en aucun cas, ne devra dépasser deux ans.

Le conseil pourra exiger que des amortissements soient versés par périodes semestrielles. Les avances sont représentées par des effets à six mois, renouvelables. Les intérêts se payent par anticipation.

Les avances deviennent immédiatement exigibles si les fonds n'ont pas été affectés à l'usage déclaré dans la demande d'emprunt, de même qu'en cas de violation des statuts, ou de modifications à ces statuts qui diminueraient les garanties de remboursement.

Les effets seront stipulés payables à la caisse régionale, et ne seront pas présentés aux caisses locales, qui devront faire le nécessaire, sans avis, pour leur régularisation à échéance.

---

(1) Voir Chapitre VII.

Dépôts en compte courant.

Le montant des dépôts en compte courant ne devra pas dépasser le montant du capital social versé, et leur total ajouté à celui des bons à échéance, dont il est parlé ci-après, ne pourra jamais excéder les trois quarts du montant des effets en portefeuille. Ce chiffre pourra être déterminé d'après la moyenne du portefeuille pendant l'exercice antérieur. Quand il sera nécessaire pour se conformer à cette limitation de rembourser une partie des dépôts, le conseil d'administration devra aviser le déposant vingt jours à l'avance, et les dépôts à rembourser seront désignés par le sort (1).

On peut verser de fr.————————à fr.————————limite maxima de chaque compte.

Les livrets de compte courant sont nominatifs et doivent être déposés à la caisse le 31 décembre de chaque année pour la liquidation des intérêts.

La caisse rembourse :

jusqu'à fr.————————————à vue

de fr.————————à fr.————————avec————jour de préavis

de fr.————————à fr.————————avec————jours — —

de fr.————————à fr.————————avec————— — —

L'intérêt alloué à ces dépôts est de————% par an.

Bons à échéance.

La caisse reçoit des dépôts à échéance fixe depuis six mois jusqu'à cinq ans. Leur maximum ne devra pas dépasser le montant du capital social versé, ni, conjointement avec les dépôts en compte courant, les trois quarts du montant des effets en portefeuille. Ce chiffre sera déterminé comme il est dit plus haut.

Le maximum des dépôts pouvant être opéré par une seule personne est fixé à fr.————————

Les intérêts sont liquidés et payés une fois par an, le 31 décembre. Ils sont calculés à raison de :

— % à 6 mois   — % à 1 an
— % à 2 ans   — % à 3 ans
— % à 4 ans   — % à 5 ans

Le déposant reçoit un bon signé par un administrateur, par le directeur et par le caissier, s'il y en a un.

____

(1) Ainsi que nous l'avons conseillé, pour atténuer les inconvénients que cette limitation présente, la caisse régionale pourra, dès que ce maximum sera atteint, engager les déposants à verser aux caisses locales, en se chargeant, au besoin, d'effectuer la transmission des fonds.

Propagande.

Un des buts de la caisse régionale étant d'aider à la propagation des caisses locales et de prendre la défense de leurs intérêts, le conseil d'administration fera de son mieux en vue de rechercher les localités de la région desservies par la caisse, où la fondation d'une caisse agricole pourrait être utile.

Il se mettra à cet effet en relation avec les bureaux des syndicats agricoles, leur fournira tous les renseignements nécessaires, enverra au besoin sur place un conférencier pour réaliser la fondation des caisses, et mettra les promoteurs en relation avec le *Centre fédératif du crédit populaire*, qui offre gratuitement, à titre d'encouragement, les statuts, règlements, registres et imprimés, et répond à toutes les questions qui lui sont posées sur le mode de fonder et d'administrer une caisse agricole. Le conseil d'administration fera également de son mieux pour se faire représenter aux assemblées des caisses locales, et tâchera de faire coïncider avec leurs dates celles de l'inspection.

Lorsqu'un certain nombre de caisses locales auront été fondées dans la région desservie par la caisse régionale, cette dernière devra s'employer à provoquer la constitution de groupes régionaux auxquels la mission de propagande et d'inspection sera attribuée.

Dispositions diverses.

Les bureaux de la caisse régionale de crédit agricole mutuel de
sont ouverts de à

Fait à le

CHAPITRE V.

La comptabilité des caisses régionales de crédit agricole mutuel.

De même que le fonctionnement des caisses régionales doit s'harmoniser avec celui des caisses locales, leur comptabilité doit procéder de principes identiques, et être, pour ainsi dire, calquée sur les mêmes modèles. Elle devra être simple, claire, présentant à n'importe quel moment la situation réelle de la société.

Nous constatons avec satisfaction que les modèles et les règles que nous avons donnés dans notre Manuel des caisses agricoles serviront, sauf quelques légères retouches, au fonctionnement des caisses régionales, et auront ce grand avantage de procurer une certaine uniformité d'ensemble, qui facilitera la tâche des inspecteurs et l'établissement des statistiques.

Les registres et imprimés qui nous paraissent utiles sont les suivants :

REGISTRES	IMPRIMÉS
1. Livre des sociétaires.	1. Demande pour devenir sociétaire.
2. Journal-caisse.	2. Certificat de parts sociales.
3. Livre des emprunts contractés.	3. Demande d'emprunt.
4. Livre des prêts accordés.	4. Demande de réescompte.
5. Livre des effets réescomptés.	5. Billet à ordre pour emprunt.
6. Livre des risques en cours.	6. Billet à ordre pour prêt.
7. Livre des déposants et des divers.	7. Carnet de compte courant.
8. Livre des inventaires.	8. Reçu de bon à échéance.
9. Livre des délibérations.	9. Situation et bilan.
10. Copie-lettres.	

1° Livre des sociétaires de la Caisse régionale de crédit agricole mutuel de...

Ce registre présente à première vue le mouvement d'entrée et sortie des sociétaires. Il se compose de douze colonnes. La première reçoit le numéro d'ordre progressif des inscriptions ; la 2e la date de chaque inscription ; la 3e les noms, prénoms, professions des sociétaires ; la 4e le syndicat auquel ils appartiennent ; la 5e et la 6e les mentions relatives à l'entrée et à la sortie des sociétaires : adhésions, démissions, exclusions ; la 7e le nombre des parts souscrites ou acquises par transfert ; la 8e la date de chaque transfert ; la 9e les noms et prénoms des cessionnaires ; la 10e le nombre de parts transférées ; les 11e e 12e le nombre des sociétaires entrés et sortis. En cas de sortie, on placera à côté de l'inscription d'entrée des membres démissionnaires ou exclus les initiales *D* ou *E* selon les cas, suivies du numéro d'ordre de l'inscription de sortie. Lorsque l'on voudra connaître exactement le nombre des sociétaires faisant partie de la caisse, il suffira d'additionner les colonnes des membres entrés et sortis, colonnes 10 et 11, et de faire la différence.

LIVRE DES SOCIÉTAIRES DE LA CAISSE RÉGIONALE DE CRÉDIT AGRICOLE MUTUEL

de ________________

NUMÉRO PROGRESSIF	DATES		NOMS ET PRÉNOMS DES SOCIÉTAIRES	SYNDICAT AUQUEL ILS APPARTIENNENT	MENTIONS		PARTS SOCIALES		TRANSFERTS			SOCIÉTAIRES	
					D'ENTRÉE	DE SORTIE	NOMBRE	MONTANT	DATES	CESSIONNAIRES	NOMBRE DE PARTS	ENTRÉS	SORTIS
1	2		3	4	5	6	7		8	9	10	11	12
	1900												
1	janvier	2	Caisse agricole de Castellar		adhésion		20	2000 »					
2	—	»	— Gorbio		—		20	2000 »					
3	—	»	— Grasse		—		20	2000 »					
4	—	»	— Cagnes		—		20	2000 »					
5	—	»	— Roquebrune		—		10	1000 »					
6	—	»	— Puget-Théniers		—		10	1000 »					
7	—	»	Pierre Baudin	Cagnes	—		10	1000 »					
8	—	»	Antoine Gaudin	Grasse	—		5	500 »					
9	—	»	François Vire	Roquebrune	—		5	500 »					
10	—	»	Jules Morin	Puget-Théniers	—		2	200 »					

2° **Journal-caisse.**

Il sert à la fois de journal, de grand livre et de livre de caisse. Il se compose de deux parties, l'entrée et la sortie. Les opérations y sont inscrites au fur et à mesure qu'elles se produisent. On note à l'entrée dans la colonne n° 1 la date de chaque opération, dans le n° 2 les noms et prénoms des personnes de qui on reçoit de l'argent, dans le n° 3 l'explication succinte de l'opération, dans le n° 4 les versements sur parts sociales, dans le n° 5 le montant *brut* des effets réescomptés par la caisse régionale à la Banque de France, à une banque populaire ou à une caisse d'épargne, dans le n° 6 les versements en compte courant, dans le n° 7 les versements à échéance fixe, dans le n° 8 le montant *brut* des emprunts contractés, dans le n° 9 le montant des prêts accordés remboursés, dans le n° 10 les intérêts perçus des caisses ayant obtenu des avances ou l'escompte d'effets, dans le n° 11 les opérations diverses, telles que retrait de fonds déposés par la société à une caisse d'épargne ou à une banque populaire, dons, etc., dans le n° 12 le montant de chaque opération tel qu'il a été passé dans les colonnes respectives.

A la sortie, les colonnes 1, 2, 3 contiennent les indications de dates, noms et le libellé des payements faits par la caisse, le n° 4 les remboursements effectués aux sociétaires démissionnaires ou exclus sur leurs parts, le n° 5 le montant *brut* des effets réescomptés à des caisses locales, les n°s 6 et 7 les paiements sur dépôts en compte courant et le remboursement de dépôts à échéance, le n° 8 le remboursement des emprunts contractés par la caisse, le n° 9 le montant *brut* des prêts accordés par elle, le n° 10 le montant des intérêts payés à l'État, aux caisses d'épargne, aux banques ou personnes ayant consenti des prêts à la société et aux clients qui ont versé des fonds, le n° 11 les frais généraux, le n° 12 les opérations diverses, et le n° 13 le total des sommes déboursées par la caisse tel qu'il a été inscrit dans chaque colonne.

DATE DE L'ENTRÉE	NOMS ET PRÉNOMS	MOTIFS	VERSEMENTS SUR LES PARTS SOCIALES	EFFETS RÉESCOMPTÉS	DÉPÔTS EN COMPTE COURANT	DÉPÔTS À ÉCHÉANCE	EMPRUNTS CONTRACTÉS	PRÊTS ACCORDÉS	INTÉRÊTS PERÇUS	DIVERS	TOTAL DE L'ENTRÉE EN CAISSE
			4	5	6	7	8	9	10	11	12
1929											
janvier 2	Caisse agricole de Castellar	Souscription de 20 parts de fr. 100.	[illegible]								
—	— Gorbio	—	[illegible]								
—	— Grasse	—	[illegible]								
—	— Cagnes	—	[illegible]								
—	— Roquebrune	—	[illegible]								
—	— Puget-Théniers	—	[illegible]								
—	Pierre Bandin	—	[illegible]								
—	Antoine Gaudin	—	[illegible]								
—	François Viré	—	[illegible]								
—	Jules Maria	—	[illegible]								[illegible]
—	Caisse agricole de Castellar	Intérêts sur avance à un an							[illegible]		[illegible]
—	— Gorbio	—							[illegible]		[illegible]
—	— Cagnes	—							[illegible]		[illegible]
—	— Roquebrune	—							[illegible]		[illegible]
—	— Grasse	—							[illegible]		[illegible]
—	— Puget-Théniers	—							[illegible]		[illegible]
—	État	Avance à 2 ans						[illegible]			[illegible]
—	Jean Constantin	Versement en compte courant 2 %			[illegible]						[illegible]
—	Louis Rainaut	—			[illegible]						[illegible]
—	Jules Rices	—			[illegible]						[illegible]
mars 1	Banque populaire de Menton	Retrait					[illegible]			[illegible]	[illegible]
—	Vincent Fouchet	Dépôt à 2 ans à 3 %				[illegible]					[illegible]
—	Caisse agricole de Grasse	Intérêts sur réescompte de 2 effets							[illegible]		[illegible]
avril 1	Caisse d'épargne de Nice	Emprunt à 6 mois à 2 %					[illegible]				[illegible]
—	Caisse agricole de Roquebrune	Intérêts sur avance à 6 mois							[illegible]		[illegible]
—	Antoine Roux	Dépôt à un an à 2.75 %				[illegible]					[illegible]
— 20	Banque populaire de Menton	Retrait								[illegible]	[illegible]
—	Caisse agricole de Castellar	Intérêts sur avance à 6 mois							[illegible]		[illegible]
			[illegible]	[illegible]	[illegible]	[illegible]	[illegible]	[illegible]	[illegible]	[illegible]	[illegible]
		Soldes au 30 avril		[illegible]	[illegible]	[illegible]	[illegible]	[illegible]	[illegible]	[illegible]	[illegible]
			[illegible]	[illegible]	[illegible]	[illegible]	[illegible]	[illegible]	[illegible]	[illegible]	[illegible]
1929											
avril 30	Report des soldes à nouveau	voir p. 79.	[illegible]		[illegible]	[illegible]	[illegible]	[illegible]			[illegible]

JOURNAL-CAISSE DE LA CAISSE RÉGIONALE DE CRÉDIT AGRICOLE MUTUEL DE

Sortie

DATE DE LA SORTIE	NOMS ET PRÉNOMS	MOTIFS	REMBOURSEMENTS SUR LES PARTS SOCIALES	EFFETS RÉESCOMPTÉS	DÉPÔTS EN COMPTE COURANT	DÉPÔTS REMBOURSÉS	EMPRUNTS CONTRACTÉS	PRÊTS ACCORDÉS	INTÉRÊTS PAYÉS	FRAIS GÉNÉRAUX	DIVERS	TOTAL DE LA SORTIE DE LA CAISSE
			4	5	6	7	8	9	10	11	12	13
1929												
janvier 2	Caisse agricole de Castellar	Avance à 1 an à 3 %						[illegible]				[illegible]
—	— Gorbio	—						[illegible]				[illegible]
—	— Cagnes	—						[illegible]				[illegible]
—	— Roquebrune	—						[illegible]				[illegible]
—	— Grasse	—						[illegible]				[illegible]
—	— Puget-Théniers	—						[illegible]				[illegible]
—	Banque populaire de Menton	versement à 3½ %									[illegible]	[illegible]
mars 1	Jean Constantin	retiré sur son dépôt		[illegible]	[illegible]							[illegible]
—	Caisse agricole de Grasse	réescompte de 2 effets		[illegible]								[illegible]
—	Banque populaire de Menton	versement à 3½ %									[illegible]	[illegible]
avril 1	Caisse d'épargne de Nice	intérêts sur emprunt de 7000 fr. à 6 mois							[illegible]			[illegible]
—	Caisse agricole de Roquebrune	avance à 6 mois						[illegible]				[illegible]
— 10	Banque populaire de Menton	remboursement									[illegible]	[illegible]
— 20	Caisse agricole de Castellar	avance à 6 mois						[illegible]				[illegible]
— 30	Imprimerie coopérative	factures registres et imprimés								[illegible]		[illegible]
				[illegible]	[illegible]		[illegible]	[illegible]	[illegible]	[illegible]	[illegible]	[illegible]
		Soldes au 30 avril	[illegible]	[illegible]	[illegible]	[illegible]	[illegible]	[illegible]	[illegible]	[illegible]	[illegible]	[illegible]
			[illegible]	[illegible]	[illegible]	[illegible]	[illegible]	[illegible]	[illegible]	[illegible]	[illegible]	[illegible]
1930												
avril 30	Report des soldes à nouveau	voir p. 79.		[illegible]				[illegible]			[illegible]	[illegible]

voir p. 79.

3° Livre des emprunts contractés.

Ce livre contient le détail de toutes les sommes empruntées sur billets pour les besoins de la caisse. Au fur et à mesure des échéances, on fera une croix à côté de chaque somme payée. Le total des sommes qui ne seront pas accompagnées de ce signe correspondra à la différence entre les colonnes de débit et de crédit « emprunts contractés » du journal-caisse. Il représentera le montant des sommes restant dues de ce chef par la caisse.

DATES DES EMPRUNTS	N° D'ORDRE	PRÊTEURS	ÉCHÉANCES			TAUX D'INTÉRÊT	SOMMES EMPRUNTÉES		OBSERVATIONS
			ANNÉE	MOIS	JOUR				
1900 janvier 3	1	État	1902	janvier	3	gratis	12000	»	
avril 1	2	Caisse d'épargne de Nice . . .	19.0	octobre	1	2 %	2000	»	

4° Livre des prêts accordés.

On inscrit sur ce livre le détail des prêts accordés aux sociétaires, en procédant de même que pour les «emprunts contractés». Le numéro d'ordre de chaque prêt sera indiqué en même temps sur l'effet correspondant. Le relevé des sommes qui ne seront pas marquées d'une croix représentera le montant des prêts en cours, et concordera avec le solde donné pour ce chapitre par le journal-caisse.

LIVRE DES PRÊTS ACCORDÉS

DATE DE L'ENTRÉE		N° D'ORDRE	EMPRUNTEURS	OBJET DU PRÊT	SOMMES	ÉCHÉANCES		DATE DE LA SORTIE	REMIS A	OBSERVATIONS
1900 janvier	2	1	Caisse agricole de Castellar	prêts à ses membres	2000	1901 janvier	2			
—	»	2	— Gorbio	—	2000	—	»			
—	»	3	— Cagnes	—	2000	—	»			
	»	4	— Roquebrune	—	1000	—	»			
—	»	5	— Grasse	—	2000	—	»			
—	»	6	— Puget-Théniers	—	1000	—	»			
avril	2	7	— Roquebrune	—	2000	1900 octobre	2			
—	20	8	— Castellar	—	1000	—	20			

5° Livre des effets réescomptés.

On inscrira sur ce registre le détail des effets réescomptés à des caisses agricoles locales. Chaque effet recevra un numéro d'ordre progressif. Inutile d'insister sur la tenue de ce registre qui est très simple, et dont l'usage est suffisamment expliqué par les indications figurant en tête de chaque colonne. Dans le cas où des effets seraient réescomptés par la caisse régionale à la Banque de France, à une caisse d'épargne ou à une banque populaire, on en fera mention dans les colonnes 8, 9, 10, et on marquera d'une croix les sommes de chaque effet réescompté figurant dans la colonne 6. Les sommes qui ne seront pas accompagnées d'une croix représenteront les effets devant rester en portefeuille, dont le montant sera indiqué par la différence entre les colonnes d'entrée et sortie des « effets réescomptés » du journal-caisse.

DATE DE L'ENTRÉE	N° D'ORDRE	CÉDANTS	PAYEURS	CAUTIONS	SOMMES		ÉCHÉANCES	DATE DE LA SORTIE	REMIS A	OBSERVATIONS
1	2	3	4	5	6		7	8	9	10
1900 mars 15	1	Caisse agricole de Grasse	Jean Verlin	R. Roux	1000	»	1900 juin 30			
— —	2	—	Mathieu Périé	L. Fortier	500	»	juillet 15			

6° Livre des risques en cours.

Ce registre a pour objet de donner, à n'importe quel moment, la situation de chaque caisse locale envers la caisse régionale en ce qui concerne les effets réescomptés et les avances accordées. Un compte sera ouvert à chaque caisse locale ayant obtenu des avances ou le réescompte d'effets. Au fur et à mesure de leurs échéances les effets seront barrés. Tous les effets réescomptés et les avances consenties aux caisses locales devront y être régulièrement inscrits. C'est ce registre que conseil d'administration et directeur consulteront toutes les fois que des demandes de crédit se produiront; et la commission de surveillance pourra, en le parcourant, se rendre exactement compte de l'importance et de la nature des crédits accordés.

page 1. RISQUES EN COURS DE LA CAISSE AGRICOLE DE *Grasse.*

NOMBRE DE PARTS : 20

DATES	PAYEURS	CAUTIONS	ÉCHÉANCES ET SOMMES								OBSERVATIONS
			JOURS	JANVIER	FÉVRIER	MARS	AVRIL	MAI	JUIN	JUILLET	
1	2	3					4				5
1900 mars 15	Jean Vertin	A. Roux	30						1000 »		
— »	Mathieu Périé	L. Fortier	15							500 »	

7° Livre des déposants et divers.

On y inscrira le détail des comptes ouverts sur le journal-caisse dans les colonnes des dépôts et des divers. Des comptes seront ouverts au nom de chaque déposant, des caisses d'épargne, des banques populaires avec lesquelles on serait en compte courant. Si les parts ne sont pas libérées à la souscription, un compte y sera également ouvert au nom de chaque sociétaire constatant le nombre de parts souscrites et les versements effectués.

Ce registre pourra être divisé en autant de parties qu'il y aura de comptes généraux, exemple :

1° Dépôts en compte courant ;
2° Bons à échéance ;
3° Parts sociales ;
4° Divers.

1e *PARTIE* — COMPTES COURANTS

DATES			CAPITAL		INTÉRÊTS	
			Fr.	C.	Fr.	C.
1900		**Jean Constantin**				
janvier	4	Versement, 2%	1000	»		
mars	1	Retrait	500	»		
		Intérêts du 4 janvier au 1 mars	500	»	3	10
1900		**Louis Radenot**				
janvier	4	Versement, 2 %	500	»		
1900		**Jules Rives**				
janvier	4	Versement, 2 %	2000	»		

2e *PARTIE* — DÉPOTS A ÉCHÉANCE

DATES			CAPITAL		INTÉRÊTS	
			Fr.	C.	Fr.	C.
1900		**Vincent Fouchet**				
mars	15	Dépôt à 2 ans à 3 %	2000	»		
1900		**Antoine Roux**				
avril	10	Dépôt à 1 an à 2.75 %	2000	»		
1900		**Banque Populaire de Menton**				
janvier	4	Versement à 3¼ %	15500	»		
mars	1	Retrait	50 ·	»		
		Intérêts du 4 janvier au 1 mars	15900	»	84	40
—	15	Versement	500	»		
		Intérêts du 1 au 15 mars	15300	»	20	40
avril	10	Versement	2000	»		
		Intérêts du 15 mars au 10 avril	17300	»	39	16
—	20	Retrait	1000	»		
		Intérêts du 10 au 20 avril	16300	»	17	·

BALANCE MENSUELLE DES ÉCRITURES

———

A la fin de chaque mois le directeur fera la vérification des écritures. Il n'aura pour cela qu'à additionner toutes le colonnes du journal-caisse, à établir les différences, ou soldes, entre les totaux des colonnes de l'entrée et de la sortie, à les rapprocher des soldes accusés par les registres auxiliaires, et il obtiendra rapidement la balance générale des écritures.

En prenant comme exemple les écritures figurant au journal-caisse, on obtient la balance suivante :

DÉSIGNATION DES COMPTES	TOTAUX				SOLDES			
	ENTRÉE		SORTIE		DÉBITEURS		CRÉDITEURS	
Parts sociales	12200	»					12200	»
Dépôts en compte courant	3500	»	500	»			3000	
Bons à échéance	4000	»					4000	»
Emprunts contractés	14000	»					14000	»
Prêts accordés			13000	»	13000	»		
Effets réescomptés			1500	»	1500	»		
Intérêts perçus	359	70					359	70
Divers			16500	»	16500	»		
Intérêts payés			20	»	20	»		
Frais généraux			25	»	25	»		
Solde en caisse			2514	70	2514	70		
	34059	70	34059	70	33559	70	33559	70

VÉRIFICATION MENSUELLE DU COMPTE

DES DÉPOSANTS ET DES DIVERS

A la fin de chaque mois le directeur fera les relevés détaillés des diverses parties du registre des déposants et divers. Les totaux de ces relevés correspondront au solde accusé par les colonnes des déposants et des divers au journal-caisse.

Relevé des dépôts en compte courant.

Jean Constantin, créditeur	Fr.	500 »
Louis Radenot —	»	500 »
Jules Rives —	»	2000 »
	Fr.	3000 »

Relevé des dépôts à échéance.

Vincent Fouchet, créditeur	Fr.	2000 »
Antoine Roux —	»	2000 »
	Fr.	4000 »

Divers.

Banque populaire de Menton, débitrice   Fr. 16.500 »

8° Livre des Inventaires.

Le livre des inventaires contiendra le relevé de toutes les valeurs actives et passives de la caisse régionale inscrites sous la dénomination des comptes figurant au journal-caisse. Sur le côté gauche, destiné à l'actif de la caisse, on portera le détail des prêts accordés, des effets réescomptés, des débiteurs divers, de l'argent en caisse, le solde restant dû sur les parts sociales, si elles ne sont encore entièrement libérées, et les intérêts non échus sur les emprunts contractés. Sur le côté droit, destiné au passif, on inscrira le détail des dépôts en compte courant, des bons à échéance, des emprunts contractés, le montant des parts sociales souscrites, des réserves, les intérêts non échus sur les prêts accordés, sur les effets réescomptés et les bénéfices nets. Ces bénéfices sont constitués par la différence entre les intérêts perçus et les intérêts payés, déduction faite des frais généraux et des intérêts à allouer aux parts sociales. Ainsi que nous l'avons conseillé, on comprendra dans le chapitre des intérêts payés le montant des intérêts que la caisse aurait dû payer sur les avances à elle consenties par l'État, si la gratuité accordée par la loi du 31 mars 1899 n'avait pas existé. Ces intérêts seront calculés sur le pied des intérêts servis aux dépôts en compte courant pendant l'année, et le produit sera porté au crédit d'un fonds de réserve spécial dénommé *fonds de réserve compensateur*. Pour déterminer le montant exact des bénéfices réalisés par la caisse régionale, il faudra aussi tenir compte des intérêts non échus sur les prêts accordés, sur les effets réescomptés, sur les emprunts contractés. Du moment où à l'époque de l'arrêté de l'inventaire il reste encore des valeurs à échoir, la caisse ne peut pas s'attribuer la totalité des intérêts perçus, ni supporter la totalité des intérêts payés. Elle ne doit tenir compte que des intérêts courus du jour de chaque opération jusqu'à la date à laquelle l'inventaire est établi.

Ainsi, supposons que d'après les écritures que nous avons données en exemple, nous établissions l'inventaire de la caisse régionale à la date du 30 avril 1900; à cette époque il resterait à échoir les prêts suivants :

1	Caisse agric. de Castellar	fr. 2000 au 2 janv. 1901, int. perçus	fr. 60	»
2	— Gorbio	— 2000	— 60	»
3	— Cagnes	— 2000	— 60	»
4	— Roquebrune	— 1000	— 30	»
5	— Grasse	— 2000	— 60	»
6	— Puget-Théniers	— 1000	— 30	»
7	— Roquebrune	— 2000 au 2 octobre 1900	— 30	»
8	— Castellar	— 1000 au 20 —	— 15	»

Il est évident qu'en arrêtant l'inventaire à la date du 30 avril 1900, la caisse ne peut pas s'attribuer la totalité de ces intérêts, mais seulement la partie comprise entre la date de chaque prêt et le 30 avril. Il y aura à reporter à nouveau la partie d'intérêts à courir du 30 avril jusqu'à l'échéance de chaque prêt.

L'opération à faire sera la suivante :

1	Caisse agric. de Castellar	fr. 2000, intérêts à échoir à 3 %	fr. 41.16
2	— Gorbio	— 2000	— 41,16
3	— Cagnes	— 2000	— 41.16
4	— Roquebrune	— 1000	— 20,58
5	— Grasse	— 2000	— 41,16
6	— Puget-Théniers - 1000	—	— 20,58
7	— Roquebrune	— 2000	— 25,83
8	— Castellar	— 1000	— 14,41

Intérêts à échoir sur prêts accordés..... fr. 246,04

On procèdera de même pour les effets réescomptés.

1	Caisse agricole de Grasse, Jean Verlin	fr. 1000, intérêts à échoir	fr. 5,08
2	— — Mathieu Périé	— 500 —	— 3,16

Intérêts à échoir sur effets réescomptés fr. 8,24

Le montant des intérêts revenant à l'exercice que nous clôturons sera de fr. 359,70 — 254,28 = fr. 105,42.

Le même calcul sera établi pour les emprunts contractés. Il en existe un, savoir :

1 Caisse d'épargne de Nice fr. 2000 au 1er octobre 1900, intérêts payés fr. 20   »

Intérêts à échoir du 30 avril au 1er octobre 1900 à 2 %...... fr. 17,10

Le montant des intérêts payés à attribuer à l'exercice arrêté le 30 avril sera de fr. 20 — 17,10 = fr. 2,90.

Il y a également lieu de calculer les intérêts des comptes courants et des bons à échéance.

M. Jean Constantin a versé, le 4 janvier 1900, fr. 1000, et, à la date du 1 mars suivant, il a retiré fr. 500. La caisse lui doit les intérêts de fr. 1000 du 4 janvier au 1 mars, soit fr. 3,10 ; elle lui doit également les intérêts de fr. 500 du 1 mars au 30 avril, savoir fr. 1,65, soit en tout fr. 4,75.

M. Louis Radenot a versé, le 4 janvier 1900, fr. 500, et n'a rien touché; il lui revient les intérêts depuis ce jour jusqu'au 30 avril, soit fr. 3,22.

M. Jules Rives a versé, le 4 janvier 1900, fr. 2000, et n'a retiré aucune somme ; il lui est dû les intérêts du 4 janvier 1900 au 30 avril, soit fr. 12,88.

MM. Vincent Fouchet et Antoine Roux ont versé le premier fr. 2000 à 2 ans, le second fr. 2000 à un an ; il leur revient les intérêts du jour de leurs versements jusqu'au 30 avril, savoir :

1° Vincent Fouchet, intérêts sur fr. 2000 du 15 mars au 30 avril 1900 à 3 %, fr. 7,65.

2' Antoine Roux, intérêts sur fr. 2000 du 10 au 30 avril 1900 à 2.75 %, fr. 3,05.

Le compte avec la Banque populaire de Menton sera arrêté. Les mouvements d'écritures qui ont eu lieu depuis le 4 janvier jusqu'au 20 avril ont produit des intérêts s'élevant à fr. 160,96, auxquels il convient d'ajouter les intérêts du 20 avril, date de la dernière écriture, jusqu'au 30 avril suivant, savoir fr. 16,04, soit en tout fr. 160,96 + 16,04 = fr. 177.

D'après l'art. 46 des statuts, il y a lieu d'ajouter au montant des intérêts payés les intérêts que la caisse aurait dû payer sur les avances à elle consenties par l'État si la gratuité accordée par la loi du 31 mars 1899 n'avait pas existé. Ces intérêts seront calculés sur le pied des intérêts servis aux dépôts en compte courant pendant l'année, et le produit sera passé au crédit d'un fonds de réserve spécial dénommé fonds de réserve compensateur. Le 3 janvier 1900, l'État a avancé à la caisse régionale fr. 12 000 à 2 ans. Le taux d'intérêt bonifié aux comptes courants étant de 2 %, nous devons ajouter aux intérêts payés la somme de fr. 77,30, représentant les intérêts courus du 3 janvier au 30 avril.

Après avoir établi ces différents calculs, l'inventaire sera dressé comme suit :

LIVRE DES INVENTAIRES

INVENTAIRE DE LA CAISSE RÉGIONALE DE CRÉDIT AGRICOLE MUTUEL DE

ARRÊTÉ LE 30 AVRIL 1900.

ACTIF	SOMMES Fr.	C.	PASSIF	SOMMES Fr.	C
CAISSE			**DÉPÔTS EN COMPTE COURANT**		
1 billet de 1000 fr. ...... fr. 1000			Jean Constantin, cap. et int. fr. 504,75		
1 — 500 — — 500			Louis Radenot .... - 503,22		
5 — 100 — — 500			Jules Rives .... - 2012.88	3020	85
Or — 500					
Monnaie divisionnaire — 14			**BONS A ÉCHÉANCE**		
Sous — » 70	2514	70	Vincent Fouchet, cap. et int. fr. 2007,65		
PRÊTS ACCORDÉS			Antoine Roux ...... - 2003.05	4010	70
Caisse ag. Castellar, 2 janv. 1901 fr. 2000			**EMPRUNTS CONTRACTÉS**		
— Gorbio — - 2000					
— Caynes — - 2000			État, au 3 janvier 1902 . . fr. 12000		
— Roquebrune — - 1000			Caisse d'épargne de Nice au		
— Grasse — - 2000			1er octobre 1900 ..... - 2000	14000	«
— Puget-Thén. — - 1000					
— Roquebr. 2 oct. 1900 - 2000			Intérêts non échus sur prêts accordés	254	28
— Castellar 20 — - 1000	13000	»			
EFFETS RÉESCOMPTÉS			Parts sociales Nº 122 à 100 fr.	12200	»
Caisse agricole de Grasse :			Intérêts de 4 mois sur les parts sociales	122	»
Jean Verlin, 30 juin 1900 fr. 1000			Fonds de réserve compensateur. . .	77	30
Mathieu Périé, 15 juill — - 500	1500	»			
Banque populaire de Menton	16677	»	Bénéfices nets	23	67
Intérêts non échus sur les emprunts					
contractés	17	10			
	33708	80		33708	80

DÉMONSTRATION DU COMPTE DES BÉNÉFICES

ENTRÉE	SOMMES Fr.	C.	SORTIE	SOMMES Fr.	C.
Intérêts perçus	359	70	Intérêts payés	20	»
Intérêts sur le compte courant de la			— attribués au fonds de réserve		
Banque Populaire de Menton ...	177	»	compensateur . .	77	30
— non échus sur emprunts contractés.	17	10	— — aux comptes courants	20	85
			— — aux bons à échéance	10	70
			— — aux parts sociales .	122	»
			Frais généraux	25	»
			Intérêts non échus sur prêts accordés	254	28
				530	13
			Bénéfices net . . .	23	67
	553	80		553	80

En plus des registres de comptabilité dont nous venons de donner les modèles, il faudra les livres suivants :

9° Livre des délibérations.

Ce livre pourra être divisé en trois parties réservées :
1° aux délibérations des assemblées générales ;
2° aux délibérations du conseil d'administration ;
3° aux délibérations de la commission de surveillance.

10° Copie-lettres.

Toutes les lettres écrites par la caisse régionale doivent être copiées. Les lettres reçues sont classées par nature de correspondant et par ordre de date.

Les caisses régionales étant, d'après la loi du 5 novembre 1894 qui les régit, considérées comme des sociétés commerciales, il est indispensable de se conformer aux instructions qui précèdent, et de faire, avant toute opération, viser le journal-caisse et le livre des inventaires.

REPORT A NOUVEAU DES COMPTES

SUR LE JOURNAL-CAISSE

Après avoir arrêté l'inventaire, il y aura lieu de reporter à nouveau les soldes des divers comptes figurant sur le journal-caisse.

Ainsi qu'on le verra par l'exemple donné p. 65, 66, le journal-caisse a été arrêté le 30 avril, date fixée pour l'établissement de l'inventaire. En rapprochant des soldes portés sur l'inventaire les soldes obtenus par la soustraction des totaux des diverses colonnes de débit et de crédit du journal-caisse, on remarquera les différences suivantes :

	Journal-Caisse	Inventaire	Différence
Parts sociales	fr. 12.200 »	fr. 12.322 »	fr. 122 » intérêts
Effets réescomptés	— 1.500 »	— 1.500 »	pas de changement
Dépôts en cte. ct.	— 3.000 »	— 3.020 85	fr. 20,85 intérêts
Bons à échéance	— 4.000 »	— 4.010 70	— 10,70 —
Emprunts contractés	— 14.000 »	— 14.000 »	pas de changement
Prêts accordés	— 13.000 »	— 13.000 »	—
Intérêts perçus	— 359 70	— » »	ils ont été liquidés
Intérêts payés	— 20 »	-- » »	—
Frais généraux	— 25 »	— » »	—
Caisse	— 2514 70	— 2.514 70	pas de changement
Divers	— 16.500 »	— 16.677 »	fr. 177 » intérêts

En reportant les soldes de ces divers comptes à nouveau, il faudra remarquer qu'au compte *divers* ne comprenant pour le moment que *la Banque populaire de Menton*, viendront s'ajouter les comptes *intérêts non échus sur emprunts contractés, intérêts non échus sur prêts accordés, fonds de réserve comnensateur, bénéfices nets*. De sorte que dans le cas actuel le

solde du compte *divers* sera composé de fr. 16.677, solde du compte de la
Banque populaire de Menton, + fr. 17,10, intérêts non échus sur emprunts
contractés. . . . . fr. 16.694,10
moins fr. 254,28, intérêts non échus sur les prêts accordés, + 77,30,
fonds de réserve compensateur, + fr. 23,67, bénéfices nets =   fr.   355,25

Fr. 16.338,85

Le soldes à reporter à nouveau pour le nouvel exercice seront donc les
suivants :

ENTRÉE : Parts sociales fr. 12.322 + dépôts en compte courant
fr. 3.020,85 + dépôts à échéance fr. 4.010,70
+ emprunts contractés fr. 14.000 » =   fr. 33.353,55

SORTIE: Effets réescomptés fr. 1.500 + prêts accordés fr. 13.000
+ divers fr. 16.338,85 =   » 30.838,85

Différence entre l'entrée et la sortie . . . . fr. 2.514,70

représentant le solde en caisse.

Les soldes ainsi établis ont été reportés à nouveau sur le journal-caisse,
voir p. 65,66.

1º — DEMANDE POUR DEVENIR SOCIÉTAIRE.

CAISSE RÉGIONALE DE CRÉDIT AGRICOLE MUTUEL

de..

SOCIÉTÉ RÉGIE PAR LES LOIS DU 5 NOVEMBRE 1894 ET DU 31 MARS 1899

le..19........

Le soussigné (1) ....

domicilié à ....

membre du Syndicat agricole de..

exerçant la profession de..

demande à être admis à faire partie de la Caisse régionale de crédit
agricole mutuel de........................ et à souscrire........................ parts. Il
déclare à l'avance se soumettre aux dispositions contenues dans
les statuts, dans les règlements, ainsi qu'aux délibérations du
conseil d'administration et des assemblées générales.

SIGNATURE :

....

Résultat (2)........................ par délibération du conseil en date
du..

(1) Nom et prénoms.
(2) Admis ou refusé.

2 — CERTIFICAT DE PARTS SOCIALES *(recto)* (1).

SOUCHE

N° .... Série ....

Folio du livre des sociétaires ....

le .... 19 ....

M. ....

demeurant à ....

rue ....

Parts souscrites N° ....

1er versement .... Fr. ....

2e ....

3e ....

4e ....

Fr ....

CAISSE RÉGIONALE DE CRÉDIT AGRICOLE MUTUEL DE

N° .... Série ....

CAISSE RÉGIONALE DE CRÉDIT AGRICOLE MUTUEL DE

Société constituée d'après les lois du 5 novembre 1894 et du 31 mars 1899.

CERTIFICAT DE PARTS SOCIALES

M. ....

demeurant à .... *rue* .... *N°* ....

est inscrit sur le livre des sociétaires pour ....

part de .... *francs chacune, libérée du quart.*

.... le .... 19 ....

Le Directeur   Un Administrateur

Timbre

quittance

Folio du livres des sociétaires

(1) Les certificats de parts ne sont soumis qu'au droit ordinaire de timbre d'après la dimension du papier employé. Les dimensions conseillées pour le modèle ci-dessus, 25 sur 17 souche non comprise, donneraient lieu à l'application d'un timbre de 0,60. Il est dû aussi un droit de 0,50 % avec décimes lors de la présentation des actes de cession à la formalité de l'enregistrement.

2 — CERTIFICAT DE PARTS SOCIALES *(verso)*.

PAIEMENT DES INTÉRÊTS		VERSEMENTS	TRANSFERTS	SOUCHE
Exercice ... *Fr.* ...	*Exercice* ... *Fr.* ...	*Reçu le second versement.*	*Transféré à M.* ... le ... 19 ... Le cessionnaire — Le cédant	
Exercice ... *Fr.* ...	*Exercice* ... *Fr.* ...	le ... 19 ...	*Transféré à M.* ... le ... 19 ... Le cessionnaire — Le cédant	
Exercice ... *Fr.* ...	*Exercice* ... *Fr.* ...	Le Directeur — Un Administrateur	*Transféré à M.* ... le ... 19 ... Le cessionnaire — Le cédant	
Exercice ... *Fr.* ...	*Exercice* ... *Fr.* ...		*Transféré à M.* ... le ... 19 ... Le cessionnaire — Le cédant	
Exercice ... *Fr.* ...	*Exercice* ... *Fr.* ...	*Reçu le troisième versement.*	*Transféré à M.* ... le ... 19 ... Le cessionnaire — Le cédant	
Exercice ... *Fr.* ...	*Exercice* ... *Fr.* ...	le ... 19 ...	*Transféré à M.* ... le ... 19 ... Le cessionnaire — Le cédant	
Exercice ... *Fr.* ...	*Exercice* ... *Fr.* ...	Le Directeur — Un Administrateur	*Transféré à M.* ... le ... 19 ... Le cessionnaire — Le cédant	
Exercice ... *Fr.* ...	*Exercice* ... *Fr.* ...	*Reçu le quatrième versement.*	*Transféré à M.* ... le ... 19 ... Le cessionnaire — Le cédant	
Exercice ... *Fr.* ...	*Exercice* ... *Fr.* ...	le ... 19 ...	*Transféré à M.* ... le ... 19 ... Le cessionnaire — Le cédant	
Exercice ... *Fr.* ...	*Exercice* ... *Fr.* ...	Le Directeur — Un Administrateur	*Transféré à M.* ... le ... 19 ... Le cessionnaire — Le cédant	

NOTA. — Chaque reçu sera accompagné d'un timbre quittance si le montant des parts est supérieur à dix francs.

3° — DEMANDE D'EMPRUNT

CAISSE RÉGIONALE DE CRÉDIT AGRICOLE MUTUEL

de

SOCIÉTÉ RÉGIE PAR LES LOIS DU 5 NOVEMBRE 1894 ET DU 31 MARS 1899

le   19

La Caisse Agricole de

demande une avance de (1)

ou le renouvellement d'un prêt de

OBJET :

déclarant se soumettre aux dispositions statutaires et notamment à celles contenues dans les articles 23 et 24 des statuts que la requérante dit parfaitement connaître.

Elle s'engage à rembourser la somme empruntée comme suit : (2)

SIGNATURE DE DEUX ADMINISTRATEURS :

(1) Somme (en toutes lettres).
(2) Sommes et dates de chaque échéance.

4° — DEMANDE DE RÉESCOMPTE

La Caisse agricole de .... soumet au réescompte à la Caisse régionale de crédit agricole mutuel de .... les effets suivants :

SOMMES	ÉCHÉANCES	PAYEURS	CAUTIONS	Jours à courir	INTÉRÊTS

le .... 19 ......

Deux Administrateurs.

5° BILLET A ORDRE POUR EMPRUNT CONTRACTÉ

................le.....................19   B.P.F.................

A................. mois de date la Caisse régionale de crédit agricole

mutuel de...

paiera à l'ordre de..

la somme de francs..

valeur reçue comptant.   UN ADMINISTRATEUR

Payable à..................

     LE DIRECTEUR

Timbre mobile de 0 05 pour cent

6° BILLET A ORDRE POUR PRÊT ACCORDÉ.

................le.....................19   B.P.F.................

A................ mois de date la Caisse agricole de................

paiera à l'ordre de la Caisse régionale de crédit agricole mutuel

de................................. la somme de francs................

valeur reçue comptant.

   SIGNATURE DE DEUX ADMINISTRATEURS

Timbre mobile de 0.05 pour cent

Payable au siège de la Caisse régionale de crédit agricole mutuel

de................................

7º MODÈLE DE CARNET DE COMPTE COURANT

COUVERTURE

CARNET

DU

COMPTE COURANT

de

AVEC LA

CAISSE RÉGIONALE DE CRÉDIT AGRICOLE MUTUEL

de

Livre des déposants page

INTÉRIEUR

1e PAGE

2e PAGE

DATES DES PAIEMENTS	SOMMES		DATES DES VERSEMENTS	SOMMES	
	EN LETTRES	EN CHIFFRES		EN LETTRES	EN CHIFFRES

NOTA. — Les mentions inscrites sur le carnets de chéques ou de comptes courants et les livrets des membres d'une société coopérative pour constater la remise des fonds déposés ne sont pas passibles du timbre de 10 centimes (*Décision du ministre des Finances du 9 septembre 1881*).

8° — REÇU DE BON A ÉCHÉANCE

CAISSE RÉGIONALE DE CRÉDIT AGRICOLE MUTUEL DE
Société régie par les lois du 5 novembre 1894
et du 31 mars 1899

N°   B.P.F.

Reçu de   la somme de

francs

remboursable le

à   même ou à   ordre, avec les intérêts à

raison de   % par an.

le   19

LE DIRECTEUR   UN ADMINISTRATEUR

Timbre mobile
de 0.05
pour cent.

On inscrira au dos du présent reçu au moyen d'un timbre le payement des intérêts annuels.

MODÈLE DU TIMBRE

Payé les intérêts

de l'année

le

LE DIRECTEUR

9° — MODÈLE DE BILAN

CAISSE RÉGIONALE DE CRÉDIT AGRICOLE MUTUEL DE ....

SOCIÉTÉ RÉGIE PAR LES LOIS DU 5 NOVEMBRE 1894

ET DU 31 MARS 1899

Bilan au 30 avril 1900

ACTIF	Fr.	C.	PASSIF	Fr.	C.
Prêts accordés	13000	—	*Emprunts contractés*		
Effets réescomptés ...	1500	—	*à l'État*	12000	—
Caisse	2514	70	*Emprunts à des tiers* .	2000	—
Banque populaire	16677	—	*Dépôts en compte cour-*		
Intérêts à échoir sur			*rant*	3020	85
emprunts contractés	17	10	*Bons à échéance*	4010	70
			Intérêts à échoir sur		
			prêts accordés	254	28
			Parts sociales	12200	—
			Intérêts sur parts	122	—
			Fonds de réserve		
			compensateur	77	30
			Bénéfices nets	23	67
F.	33708	80	F.	33708	80

TABLEAU

POUR FACILITER LE CALCUL DES INTÉRÊTS

Donnant les intérêts de Fr. 100 à 3, 3 ½, 4, 4 ½, 5, 5 ½ et 6 pour cent
pour 1, 5, 10, 15, 20, 25 et 30 jours.

JOURS	à 3 %		à 3 ½ %		à 4 %		à 4 ½ %		à 5 %		à 5 ½ %		à 6 %		JOURS
	F.	c.	F.	c.	F.	c.	F.	c.	F.	c.	F.	c.	F.	c.	
1	0	0 83	0	0 97	0	01 11	0	01 25	0	01 38	0	01 52	0	1 66	1
5	0	04 16	0	04 86	0	05 55	0	06 25	0	06 94	0	07 63	0	8 33	5
10	0	08 33	0	09 72	0	11 11	0	12 50	0	13 88	0	15 27	0	16 66	10
15	0	12 50	0	14 58	0	16 66	0	18 75	0	20 82	0	22 91	0	25 —	15
20	0	16 66	0	19 44	0	22 22	0	25 —	0	27 77	0	30 55	0	33 33	20
25	0	20 83	0	24 30	0	27 77	0	31 25	0	34 70	0	38 18	0	41 66	25
30	0	25 —	0	29 16	0	33 33	0	37 50	0	41 66	0	45 83	0	50 —	30

Exemple : Pour connaître le montant des intérêts de F. 1,000 à 45 jours à 5 %, il
suffira de faire l'opération suivante :

F. 100 p. 30 jours à 5 % = F. 0,41.66
F. 100 p. 15 jours à — — = F. 0,20,82

45   F. 0,62,48 × 10 = F. 6.24,80 ou 6,25 en chiffres ronds.

CHAPITRE VI.

Des rapports des caisses régionales avec les caisses locales.

Les caisses régionales sont appelées à entretenir avec les caisses agricoles locales des rapports d'une triple nature, à savoir :

(*a*) rapports moraux;

(*b*) rapports économiques;

(*c*) rapports techniques.

Les *rapports moraux* prennent leur origine dans l'obligation qu'ont les sociétés locales, faisant des opérations, de devenir, au préalable, sociétaires des caisses régionales. Ce sont les caisses locales qui devraient pouvoir constituer en bonne partie le capital des caisses régionales; ce sont exclusivement les caisses locales qui procurent aux caisses régionales le moyen d'utiliser leur capital, les avances de l'État, et les dépôts qui peuvent leur arriver soit sous la forme de comptes courants, soit sous celle de bons à échéance. Les caisses locales auront donc une influence quasi prépondérante dans les assemblées générales ; il est aussi probable qu'elles seront largement représentées dans les conseils d'administration des caisses régionales. Elles inspireront la marche de ces dernières, sortes de fédérations superposées, que fortifie le souffle de vie syndicale leur venant du concours des membres de syndicats ayant souscrit des parts.

Plus marquants sont les *rapports économiques* et les *rapports techniques* qui doivent s'établir entre ces deux ordres d'institutions.

Les *rapports économiques* résident dans les diverses opérations que les caisses locales feront, en leur qualité de clientes, avec les caisses régionales. Ces opérations se divisent en opérations actives et opérations passives.

Les opérations actives peuvent se résumer dans le versement que les caisses locales feront aux caisses régionales des fonds dont elles n'auraient pas l'emploi immédiat. Il ne faut pas perdre de vue que l'existence de la caisse régionale ne doit pas faire oublier aux caisses locales leur rôle de collecteurs de la petite épargne, qui est leur véritable et naturelle source nourricière. Les caisses locales dont le fonctionnement sera le plus perfectionné sont celles qui arriveront à se suffire par l'épargne locale, et nous ne cesserons de répéter que la caisse régionale la plus prospère sera celle qui, tout en se composant du plus grand nombre possible de caisses locales en pleine activité, fera le moins d'opérations.

Les caisses régionales s'organiseront donc de façon à ne pas devenir un intermédiaire indispensable, mais un intermédiaire utile dans des cas exceptionnels, tels que la période initiale et les moments de crise. A cet effet, elles ne devront pas viser à établir un taux artificiel de bon marché des avances. Nous avons souvent dit que, sous ce rapport, il convient de ne pas oublier qu'il y a un taux courant du loyer de l'argent dont il faut toujours tenir compte.

L'intérêt des avances devra être établi de façon à ne pas détourner les caisses de leur rôle essentiel de petits réservoirs de l'épargne locale. Si la caisse régionale consent des avances à un taux d'intérêt au-dessous de celui accordé par les caisses locales aux dépôts d'épargne, ces dernières seront poussées à s'y adresser de préférence ; elles ne se soucieront plus de recueillir les petites économies, et manqueront à la moitié de leur objet. Et si, par la force des choses, l'appui de la caisse régionale venait un jour à leur manquer, elles se trouveraient embarrassées juste au moment où, par la mise en jeu de leur double fonctionnement, elles devraient être en mesure de se suffire.

Les administrateurs des caisses régionales devront tenir compte de ces considérations ; ils partiront de ce principe que le meilleur mode d'administrer ces institutions est celui qui aura pour effet d'habituer les caisses affiliées à se suffire.

Les opérations passives se bornent au réescompte des effets souscrits par les clients des caisses locales, et aux avances que ces dernières demanderont aux caisses régionales pour augmenter leur fonds de roulement.

La première de ces opérations, le réescompte, est celle qui paraît préférable, parce qu'elle atténue l'immobilisation des fonds presque inévitable dans les opérations de crédit agricole ; la caisse régionale, nantie d'effets portant avec la sienne les trois signatures exigées par la Banque de France, pourra, lorsque les effets n'auront plus que trois mois à courir, les réescompter à cet Établissement ou à d'autres institutions de crédit. Avec le même capital on sera donc à même de faire un chiffre d'affaires plus important et d'assimiler le papier des agriculteurs au papier commercial, ce qui a son importance au point de vue de l'extension future et souhaitable des opérations de crédit agricole.

Cette opération procurera en outre aux caisses régionales la possibilité de suivre de plus près les affaires des caisses locales, de faire successivement connaissance avec leur clientèle, de constater la plus ou moins grande régularité dans la rentrée des avances accordées.

Ceci nous amène nécessairement à la troisième nature de rapports, les *rapports techniques*. Les caisses régionales, en attendant l'organisation des groupes régionaux, sont appelées à devenir les conseils, les guides des caisses locales. C'est à elles que ces dernières s'adresseront pour les difficultés qui pourraient entraver leur marche ; ce sont elles qui devront tout naturellement exercer à leur égard le rôle d'un guide éclairé. Suivre les opérations des caisses locales, surveiller la réunion régulière de leurs assemblées générales, tenir discrètement la main au bon fonctionnement des organes administratifs, s'assurer de la tenue correcte de la comptabilité, contrôler l'objet réel des avances par elles consenties, voilà autant de parties de l'œuvre à accomplir ; elles s'en acquitteront sans trop de peine, en exigeant la communication des comptes rendus des assemblées générales, en se faisant de temps à autre représenter à ces assemblées, — occasions uniques de faire une excellente inspection sans en avoir l'air —, en exigeant l'envoi régulier des situations mensuelles de chaque caisse locale, et, au besoin, la communication des demandes d'emprunts.

Nous ne pouvons mieux clore ce chapitre qu'en donnant le modèle d'une convention que les caisses régionales feront bien de passer, avant toute opération, avec les caisses locales.

Convention.

Entre :

1° La Caisse régionale de crédit agricole mutuel de   société régie par les lois du 5 novembre 1894 et du 31 mars 1899, représentée par son directeur dûment autorisé par le conseil d'administration,

Et :

2° La Caisse agricole de   représentée par M.M.   le premier   président et les autres administrateurs de cette Société,

Il a été fait et convenu ce qui suit :

Art. 1er La Caisse régionale de crédit agricole mutuel de   ouvre à la Caisse agricole de   un crédit jusqu'à concurrence de   francs   réalisable soit au moyen d'avances directes, soit par le réescompte d'effets souscrits par ses membres.

Art. 2e M.M.   représentants de la Caisse agricole de   déclarent que le montant de ce crédit ne dépasse pas le maximum fixé par l'assemblée générale pour les emprunts pouvant être contractés.

Art. 3e Ce crédit est ouvert au taux de   pour cent net l'an.

Les intérêts sont payables par semestres anticipés. La Caisse agricole prend à sa charge les frais d'envoi de fonds, s'il y a lieu, ainsi que les frais de poste et timbres.

Art. 4e Le crédit sera mobilisé par des effets souscrits par la Caisse agricole de   à l'ordre de la Caisse régionale de crédit agricole mutuel de   à six mois de date, renouvelables, ou bien, comme il est dit plus haut, par le réescompte d'effets souscrits à son ordre par ses membres et endossés par elle. Les effets seront domiciliés à   et établis à des échéances bancables.

Art. 5e La Caisse agricole de   s'engage à ne contracter aucun emprunt, sauf les dépôts qui lui seront confiés, ailleurs qu'à la Caisse régionale de crédit agricole mutuel de

Art. 6e Les excédents de fonds que la Caisse agricole de   pourrait avoir seront par elle déposés à la Caisse régionale ce crédit agricole mutuel de   qui lui bonifiera, à titre d'encouragement,   pour cent d'intérêt l'an.

Art. 7e La Caisse agricole de   s'engage à remettre à la Caisse régionale de crédit agricole mutuel de   toutes les pièces que cette dernière pourrait lui demander concernant la marche de ses opérations et le fonctionnement de la comptabilité, et notamment :

a) La situation mensuelle des comptes établie d'après le modèle fourni par la Caisse régionale de crédit agricole mutuel de   ;

b) Les copies des procès-verbaux des assemblées générales contenant les résolutions votées ;

c) La justification de l'accomplissement des formalités légales, toutes les fois que des formalités de ce genre seraient nécessaires

Art. 8e La présente ouverture de crédit sera arrêtée :

a) En cas d'inexécution des clauses contenues dans la présente convention, et que la Caisse agricole de   declare accepter :

b) A défaut de paiement des intérêts d'après le mode prescrit par l'article 3 :

c) En cas de mauvaise gestion, perte ou emploi de fonds à des objets ne concernant par l'industrie agricole.

Art. 9e Pour tout ce qui concerne l'exécution des présentes, les parties attribuent juridiction au Tribunal de commerce de

Fait à double à   le

CHAPITRE VII.

Inspection et Contrôle.

a) Caisses régionales.

Les auteurs de la loi du 31 mars 1899 ont eu une sage pensée en édictant que les caisses régionales doivent être surveillées et contrôlées, et en laissant à la commission spéciale le soin d'indiquer de quelle façon ce contrôle et cette surveillance devront être exercés. C'est grâce à cette précaution que des abus et des irrégularités pourront être évités.

Raiffeisen et Schulze-Delitzsch, en constituant leurs grandes unions, songèrent à les compléter par le service d'inspection destiné à assurer l'unité d'action, la régularité du fonctionnement des caisses affiliées, et à prévenir toute défaillance, toute fausse application, toute erreur. L'organisation de l'inspection fut la conséquence des irrégularités qui s'étaient produites dans les premières années du fonctionnement de ces institutions. Depuis lors, la loi des associations coopératives du 1er mai 1889 rendit l'inspection obligatoire ; toutefois le législateur a tenu compte aux sociétés groupées de l'initiative spontanément prise, et les a autorisées à se faire inspecter par l'inspecteur de l'union régionale dont elles font partie. Les autres sociétés sont inspectées par une personne compétente que désigne le tribunal de la localité. L'inspection doit avoir lieu au moins tous les deux ans en présence du conseil de surveillance. Le rapport de l'inspecteur est communiqué à la plus prochaine assemblée générale; et un certificat d'inspection est remis au bureau d'enregistrement des sociétés coopératives.

En ce qui concerne les caisses régionales, le congrès d'Angoulême a émis le vœu que le choix des personnes chargées de ce contrôle soit porté sur des hommes compétents, possédant la pratique des opérations de crédit agricole, et désignés en dehors de toute considération politique. Nous avons insisté aussi pour que les caisses régionales, comme les caisses locales faisant partie d'un groupe, puissent obtenir de préférence que le contrôle imposé par la loi soit exercé sur elles par un délégué de leur groupe. L'idéal est d'émanciper petit à petit ces institutions de la tutelle financière et administrative de l'État, et de les laisser se développer spontanément, au moyen des éléments d'activité et de progrès qu'elles portent en elles-mêmes. A défaut, et jusqu'à ce que le contrôle puisse être exercé de cette façon spontanée, qui serait la meilleure, nous conseillions la constitution dans chaque région de comités de surveillance, sortes de sous-commissions, composés d'un nombre restreint, mais choisi, de personnes compétentes, et dont pourraient faire aussi partie les directeurs des succursales de la Banque de France. Ces vœux que le Xme congrès du crédit populaire et agricole a adoptés (1), ont été approuvés et soumis à l'attention du Sénat par le rapporteur, M. Lourties.

Le contrôle et la surveillance des caisses régionales ne constituent pas une fonction absorbante ou compliquée. Les statuts devant être déposés au ministère de l'Agriculture, il est probable qu'avant d'accorder des avances, il sera vérifié qu'ils répondent de tous points aux dispositions de la loi et que la constitution de la société est régulière.

Cet examen préalable nous paraît indispensable, et là est la partie la plus légitime de l'intervention de l'État, puisqu'il devient bailleur de fonds. De ce côté le rôle des agents de contrôle et de surveillance est simplifié; ils n'auront à prendre connaissance des statuts que dans le but de s'assurer si les opérations de la caisse ont été faites en conformité de leurs dispositions.

Il ne faut pas oublier que la loi du 5 novembre 1894 régit les caisses régionales, et que l'art. 6 de cette loi rend les membres chargés de l'administration responsables en cas de violation des statuts ou de la loi (2). Il est certain que

(1) Voir Annexe E. Résolution votée par le Congrès d'Angoulême

(2) Voir Annexe A. Loi du 5 novembre 1894, art. 5.

les administrateurs auront soin de s'y conformer ; mais les agents de contrôle et de surveillance feront bien de prêter un concours bienveillant en vue d'éviter toute complication de ce côté.

Sur quels points devraient porter leurs investigations ? Vérification de la caisse, en établissant un bordereau des billets de banque et des espèces ; vérification des effets en recette, s'il y en a ; vérification des effets en portefeuille ; vérification des créances. Pour ces trois dernières catégories, il faudra procéder par des relevés détaillés. On procèdera de même pour les emprunts contractés et pour les dettes diverses de la caisse. On aura ainsi les éléments de la situation, et ce travail, avec la méthode de comptabilité que nous conseillons, pourra être fait assez rapidement. Les totaux obtenus seront rapprochés des registres respectifs, dont le solde sera établi au crayon, en faisant les totaux des colonnes d'entrée et sortie et la différence entre les totaux pour chaque compte. Si tout est conforme, les inspecteurs n'auront qu'à viser les différents registres et à en faire mention dans leur procès-verbal ; à défaut, ils signaleront dans ce document les erreurs et les irrégularités constatées. Ce procès-verbal sera communiqué au conseil d'administration, qui devra en faire part à la commission de surveillance.

Après cette vérification relative aux écritures et au fonctionnement général des caisses régionales, conviendra-t-il de pousser plus loin les investigations ? A notre avis, il y aurait lieu d'examiner les conventions passées par les caisses régionales avec les caisses locales, de voir si on a eu soin de se procurer, avant d'entrer en relations, les statuts et les délibérations des assemblées ayant nommé les administrateurs, si on reçoit régulièrement les situations mensuelles, les bilans et les comptes-rendus des assemblées, de façon à pouvoir suivre leur fonctionnement. Il conviendrait aussi de rechercher de quelle manière s'opèrent par les caisses locales les remboursements des sommes empruntées ; il ne sera pas moins utile de constater comment les caisses régionales remplissent leur rôle de collecteurs de la petite épargne et enfin si elles se tiennent strictement éloignées de toute préoccupation politique et confessionnelle, comme c'est le propre d'institutions qui n'ont en vue que l'amélioration morale et matérielle des travailleurs agricoles. Qu'on n'oublie pas que dès que des arrières-pensées de politique ou de confession s'infiltrent dans des associations de ce genre, leur décadence et leur perte deviennent certaines à plus ou moins longue échéance.

En dehors de leur rôle de surveillants et de contrôleurs, les agents investis de ces fonctions, devront être assez au courant de tout ce qui touche au crédit agricole et au mécanisme des caisses pour pouvoir répondre aux demandes qui leur seraient adressées quant à la nature des opérations et à la façon de tenir les écritures. Ils devront faciliter la tâche des administrateurs, des commissaires, des directeurs, et s'efforcer de les stimuler en vue de faire autour d'eux une propagande active ayant pour objet de faire surgir des institutions dans les localités qui en sont encore dépourvues, et les aider, dès qu'un certain nombre d'institutions existera, à constituer des groupes régionaux, destinés à compléter l'organisation du crédit agricole. Les groupes régionaux n'ont rien de commun avec les caisses régionales ; ce sont des organes d'étude, de défense collective et de propagande. Ce sont eux qui sont naturellement indiqués pour pratiquer l'inspection des caisses locales adhérentes.

En procédant ainsi, on arrivera à émanciper les caisses régionales de la surveillance et du contrôle administratif, en même temps qu'elles parviendront à se suffire financièrement, et l'État n'aura rempli que le rôle d'un soutien temporaire, bien compris, facilitant les premiers pas des institutions nouvelles, mais les laissant libres et indépendantes dès qu'elles seront à même de se suffire.

Les inspections seront périodiques : elles devront avoir lieu au moins une fois par an, afin de permettre d'examiner les résultats généraux de l'exercice, et de se former une juste appréciation du fonctionnement général et des services rendus.

(b) Caisses locales.

Tout aussi importante, sinon davantage encore, est l'inspection des caisses locales. Les caisses régionales appelées à leur venir en aide doivent avoir la certitude d'entrer en relation avec des institutions légalement constituées et fonctionnant régulièrement. Le législateur n'a rien prévu sur ce point ; c'est donc à l'initiative privée qu'il appartient d'organiser l'inspection des caisses locales par les caisses régionales. Rappelons ici que dans les régions où existent des fédérations ou des groupements de caisses locales, le rôle de l'inspection leur est naturellement dévolu, et que les caisses régionales peuvent se contenter d'obtenir communication des procès-verbaux des inspections périodiquement pratiquées au moins une fois tous les deux ans. Là où des groupements fédératifs n'existent pas encore, l'inspection devra être organisée par les caisses régionales elles-mêmes, soit par la désignation d'un inspecteur, soit en déléguant le directeur, ou un membre du conseil d'administration ou de la commission de surveillance possédant la pratique nécessaire, et bien aise de se dévouer à ce service d'une si haute importance au point de vue de la bonne marche du crédit agricole. Mais les caisses régionales ne doivent pas perdre de vue que dès qu'un certain nombre de caisses locales existeront dans la région, il deviendra nécessaire de les grouper et de confier au groupe le service de l'inspection.

Le service de l'inspection des caisses locales comprend :

a) la vérification de tous les documents, registres, valeurs, pièces comptables, permettant de se rendre compte du régulier fonctionnement de l'institution ;

b) les renseignements à fournir aux administrateurs et aux secrétaires-comptables sur les divers points concernant la marche régulière des caisses, et l'appréciation du profit que ces derniers ont su tirer des renseignements de cette nature qui ont pu leur être fournis dans les inspections précédentes;

c) la préparation de sociétés nouvelles.

L'inspection peut être réglementaire ou volontaire. Dans le premier cas, c'est le conseil de la caisse régionale ou du groupe qui en fixe l'époque ; dans le second, ce sont les institutions elles-mêmes qui la demandent, surtout afin de surmonter les difficultés qui pourraient entraver leur marche.

Les institutions doivent contribuer aux frais nécessités par l'inspection volontaire dans une proportion à déterminer.

Dans le cas d'inspection réglementaire, les présidents des conseils d'administration sont prévenus quelques jours à l'avance. Des délégués du conseil d'administration et de la commission de surveillance assistent à l'inspection.

L'inspecteur commencera par la vérification de la caisse, des prêts accordés, des créances, des emprunts contractés, des dépôts, et des dettes diverses de la société, en établissant pour le compte caisse le bordereau des billets de banque et des espèces y existants, et, ainsi que cela a été prescrit pour l'inspection des caisses régionales, en dressant du solde de chacun des autres comptes un état détaillé, qui devra concorder avec les soldes donnés par le journal-caisse et par chacun des livres auxiliaires, dont les colonnes d'entrée et de sortie seront additionnées au crayon pour pouvoir établir les soldes devant servir de contrôle.

Cette vérification faite, il conviendra que l'inspecteur se procure quelques livrets d'épargne ou reçus de dépôts pour les rapprocher des registres respectifs et vérifier si les écritures s'y trouvent passées de conformité. La situation des comptes sera ensuite dressée et signée par l'inspecteur, le secrétaire-comptable, et par les délégués du conseil d'administration et de la commission de surveillance.

La vérification des livrets d'épargne fournira à l'inspecteur l'occasion de voir quelle est la marche de ce service, et si la caisse agricole remplit cette seconde partie de son rôle qui consiste à attirer et à faire fructifier sur place la petite épargne locale. C'est un des compléments essentiels de l'inspection.

L'inspecteur devra ensuite vérifier si les formalités de constitution, assemblée générale constitutive, enregistrement, dépôts de statuts, liste des parts souscrites et des versements faits, ont été exactement accomplies; si les registres des délibérations du conseil, des assemblées générales, de la commission de surveillance, sont régulièrement tenus; si les inventaires sont établis au époques fixées, si les assemblées sont convoquées dans les périodes prescrites par les statuts. Il faut examiner si le nombre des sociétaires présents était suffisant pour délibérer, si les scrutateurs ont été nommés, si l'assemblée a délibéré sur toutes les questions à l'ordre du jour, et spécialement sur les maxima des engagements annuels ou des crédits individuels, sur les taux des dépôts, des empruuts et des prêts, sur les renouvellements partiels du conseil d'administration et de la commission de surveillance.

L'inspecteur constatera aussi si les réunions du conseil d'administration ont lieu conformément aux statuts, si procès-verbal en est dressé, si le rôle de la commission de surveillance est réel ou plutôt apparent.

Une attention particulière sera par lui apportée à l'examen des demandes d'emprunts, leur objet, leur durée, l'emploi des fonds, la rentrée des acomptes aux époques fixées. Il vérifiera si les cautions sont exactement fournies, en un mot si le fonctionnement de la caisse est régulier tant au point de vue de la comptabilité que des opérations faites.

Il indiquera avec bienveillance les erreurs matérielles et les interprétations inexactes des statuts ou du règlement qui auraient pu se produire, expliquera de quelle façon il faudra procéder à l'avenir, et provoquera des demandes d'éclaircissements, auxquelles il s'empressera de répondre de façon à produire l'impression non d'une inspection rigide, mais d'un conseil amical et éclairé venu pour faciliter et encourager la bonne marche de l'institution. Tel est le souvenir que la visite de l'inspecteur devra laisser dans les esprits.

L'inspecteur profitera de son déplacement pour se renseigner sur la situation des communes avoisinantes au point de vue de leurs besoins et des associations agricoles qui y existent. Si la chose lui est possible, il fera bien de se mettre en rapport avec quelques personnes notables de ces localités, entre autres le maire, le curé, ou l'instituteur. Il leur expliquera l'utilité des caisses agricoles, leur laissera au besoin une brochure de propagande, le Manuel des caisses agricoles (1), par exemple, et les engagera à étudier les diverses formes de sociétés, surtout celles régies par la loi du 5 novembre 1894, qui supposent l'existence latérale d'un syndicat agricole, dont chaque commune rurale devrait être également pourvue ; il leur rappellera que la loi de 1894 permet de constituer des caisses avec des parts minimes, et les exempte formellement de

____

(1) Rappelons que le Centre fédératif du crédit populaire en France tient à la disposition des syndicats désireux d'organiser le crédit agricole des manuels, des modèles de statuts, et leur offre, à titre d'encouragement, le matériel de comptabilité ou une petite subvention suivant l'état de ses ressources. Voir Annexe II. Circulaire du Centre fédératif.

la patente et de l'impôt sur le revenu. Il se mettra, au besoin, à leur disposition pour venir donner une conférence explicative, afin d'aider à la création de la caisse agricole d'après le type choisi.

L'inspecteur dressera, séance tenante, un procès-verbal contenant les résultats de son inspection, exposés d'après l'ordre que nous avons indiqué au com_mencement de ce chapitre, à savoir : 1° vérification des documents, registres, valeurs, pièces comptables ; 2° renseignements fournis ; 3° préparation de sociétés nouvelles.

Le secrétaire-comptable fera une copie du procès-verbal de l'inspection, qui sera signée par l'inspecteur et remise aux délégués du conseil d'administration, qui la consigneront au président.

Pour faciliter la tâche de l'inspecteur nous donnons ci-après un plan des points principaux sur lesquels l'inspection devra se porter. Ce même plan, sauf quelques modifications que le bon sens des inspecteurs indiquera, pourra servir pour l'inspection des caisses régionales.

On remarquera que certaines des questions posées sont d'ordre confidentiel ; l'inspecteur aura donc soin de conserver ses notes, de ne répondre à ces questions que rentré chez lui, et de faire de ses appréciations un usage très discret, de façon à éviter toute susceptibilité.

PLAN D'INSPECTION

PREMIÈRE PARTIE

Vérification des documents, registres, valeurs, pièces comptables.

Examen de la caisse.

Rapprochement du total obtenu avec le journal-caisse.

Les totaux sont-ils conformes ?

Bordereau

Billets de banque fr.

Espèces. .... »

Total.. Fr.

Examen des prêts accordés.

Rapprochement du total obtenu avec le registre des prêts accordés et avec le journal-caisse.

Les totaux sont-ils conformes ?

Détail des prêts

Total... Fr.

Examen des emprunts contractés.

Détail des emprunts

Rapprochement du total obtenu avec le registre des emprunts contractés et le journal-caisse.

Les totaux sont-ils conformes?

Total... Fr.

Examen des dépôts.

Détail des dépôts

Rapprochement du total obtenu avec le journal-caisse.

Les totaux sont-ils conformes ?

Total... Fr.

Vérification de quelques carnets.

Détail des carnets vérifiés et soldes

Rapprochement de chaque carnet avec le compte inscrit au livre des déposants.

Les soldes sont-ils conformes?

L'inspecteur dressera ensuite la situation d'après les instructions contenues page 72.

Questions diverses :

1° Le journal-caisse et le livre des inventaires sont-ils visés et paraphés conformément à la loi ?

2° Les registres sont-ils régulièrement tenus ?

3° Les registres sont-ils à jour ?

4° Les prêts ont-ils une cause agricole ? (*examiner les demandes d'emprunt, qui doivent contenir la somme, l'objet du prêt, l'échéance, ou les échéances auxquelles on s'engage à rembourser ; voir si les paiements ou les amortissements ont eu lieu aux époques convenues*).

5° La caution est-elle exigée pour les prêts à partir de 200 fr. ?

6° Chaque opération de prêt est-elle appuyée sur une demande régulièrement établie ?

7° Les effets et les titres de créance de la Caisse sont-ils classés avec ordre et gardés en lieu sûr ?

8° Où est tenu l'argent en caisse ?

9° Les inventaires sont-ils faits à la fin de chaque exercice ? Le registre en est-il bien tenu ?

10° Le registre des sociétaires contient-il par ordre de date les admissions, les démissions, exclusions, radiations ?

11° Les dépôts prescrits par l'art. 5 de la loi du 5 novembre 1894 sont-ils effectués dans les délais voulus ?

12° Quelle est la moyenne des dépôts ?

13° Les intérêts sont-ils exactement décomptés ?

14° Les retraits sont-ils fréquents ?

Vérifications relatives à la fondation.

1° Les formalités de constitution : signature des statuts, assemblée constitutive, enregistrement, dépôts, publications, ont-elles été accomplies en temps opportun ?

2° La Caisse fait-elle partie d'un groupe régional ?

3° La Caisse fait-elle partie d'une fédération ?

4° La Caisse a-t-elle souscrit des parts d'une caisse régionale ?

Vérifications relatives au fonctionnement administratif (1).

1° Les réunions du conseil d'administration ont-elles lieu avec la périodicité établie dans les statuts ?

2° Procès-verbal est-il dressé de ces réunions ?

3° Les administrateurs s'y rendent-ils régulièrement ?

4° Les réélections ont-elles lieu d'après l'ordre fixé par les statuts ?

5° Les commissaires de surveillance se réunissent-ils aux époques prévues par les statuts ?

6° Rédigent-ils des procès-verbaux de leurs réunions ?

7° Ces procès-verbaux sont-ils communiqués au conseil d'administration ?

8° Y a-t-il communauté de vues entre la commission de surveillance et le conseil d'administration ?

9° Le rôle de la commission de surveillance vous semble-t-il réel et efficace, ou superficiel et plutôt apparent ?

10° Les réélections ont-elles lieu annuellement ?

11° Les assemblées sont-elles régulièrement convoquées ? (*Examiner si le nombre des présents est suffisant pour la tenue régulière de l'assemblée ; si les scrutateurs sont nommés ; si l'assemblée délibère sur toutes les questions portées à l'ordre du jour, et spécialement sur les renouvellements partiels du conseil d'administration, sur le renouvellement de la commission de surveillance, sur le maximum des engagements pouvant être contractés dans l'année, sur le chiffre du crédit individuel, sur le taux des dépôts et des prêts*).

12° Vous semble-t-il que la Caisse soit libre de toute attache politique et confessionnelle ?

---

(1) Cette partie ne devra être communiquée qu'à la caisse régionale ou au groupe ayant organisé l'inspection.

DEUXIÈME PARTIE.

Renseignements fournis.

L'inspecteur devra provoquer des demandes de renseignements et d'éclaircissements sur les points qui lui paraîtraient avoir été insuffisamment compris. Il indiquera dans son procès-verbal la teneur de ces demandes, ainsi que celle des réponses faites. Il aura aussi à examiner le profit que les administrateurs et secrétaires-comptables auront su tirer des renseignements fournis par les inspections précédentes.

TROISIÉME PARTIE.

Préparation de sociétés nouvelles.

1° Quelle est la situation des communes avoisinantes ?

2° Y a-t-il des syndicats, des caisses agricoles ?

3° S'il n'en existe pas, en rechercher les causes.

4° Quelles sont les personnes qui pourraient prendre l'initiative de la création de syndicats ou de caisses ?

5° Démarches faites dans ce but.

6° Ouvrages et documents mis à leur disposition.

ANNEXES

Loi du 5 novembre 1894.

Article premier. — Des sociétés de crédit agricole peuvent être constituées, soit par la totalité des membres d'un ou plusieurs syndicats professionnels agricoles, soit par une partie des membres de ces syndicats ; elles ont exclusivement pour objet de faciliter et même de garantir les opérations concernant l'industrie agricole et effectuées par ces syndicats ou par des membres de ces syndicats.

Ces sociétés peuvent recevoir des dépôts de fonds en comptes courants avec ou sans intérêts, se charger, relativement aux opérations concernant l'industrie agricole, des recouvrements et paiements à faire pour les syndicats ou pour les membres de ces syndicats. Elles peuvent notamment contracter les emprunts nécessaires pour constituer ou augmenter leur fonds de roulement.

Le capital social ne peut être formé par des souscriptions d'actions. Il pourra être constitué à l'aide de souscriptions des membres de la société ; ces souscriptions formeront des parts, qui pourront être de valeur inégale ; elles seront nominatives et ne seront transmissibles que par voie de cession aux membres des syndicats et avec l'agrément de la société.

La société ne pourra être constituée qu'après versement du quart du capital souscrit.

Dans le cas où la société serait constituée sous la forme de société à capital variable, le capital ne pourra être réduit par les reprises des apports des sociétaires sortant au-dessous du montant du capital de fondation.

Art. 2. — Les statuts détermineront le siège et le mode d'administration de la société de crédit, les conditions nécessaires à la modification de ces statuts et à la dissolution de la société, la composition du capital et la proportion dans laquelle chacun de ses membres contribuera à sa constitution.

Ils détermineront le maximum des dépôts à recevoir en comptes courants.

Ils régleront l'étendue et les conditions de la responsabilité qui incombera à chacun des sociétaires dans les engagements pris par la société.

Les sociétaires ne pourront être libérés de leurs engagements qu'après la liquidation des opérations contractées par la société antérieurement à leur sortie.

Art. 3. — Les statuts détermineront les prélèvements qui seront opérés au profit de la société sur les opérations faites par elle.

Les sommes résultant de ces prélèvements après acquittement des frais généraux et paiement des intérêts des emprunts et du capital social, seront d'abord affectées, jusqu'à concurrence des trois quarts au moins, à la constitution d'un fonds de réserve, jusqu'à ce qu'il ait atteint au moins la moitié de ce capital.

Le surplus pourra être réparti, à la fin de chaque exercice, entre les syndicats au prorata des prélèvements faits sur leurs opérations. Il ne pourra, en aucun cas, être partagé sous forme de dividende, entre les membres de la société.

A la dissolution de la société, ce fonds de réserve et le reste de l'actif seront partagés entre les sociétaires, proportionnellement à leur souscription, à moins que les statuts n'en aient affecté l'emploi à une œuvre d'intérêt agricole.

Art. 4. — Les sociétés de crédit autorisées par la loi sont des sociétés commerciales dont les livres doivent être tenus conformément aux prescriptions du code de commerce.

Elles sont exemptes du droit de patente ainsi que de l'impôt sur les valeurs mobilières.

Art. 5. — Les conditions de publicité prescrites pour les sociétés commerciales ordinaires sont remplacées par les dispositions suivantes :

Avant toute opération, les statuts avec la liste complète des administrateurs ou directeurs et des sociétaires, indiquant leurs noms, profession, domicile et le montant de chaque souscription, seront déposés, en double exemplaire, au greffe de la justice de paix du canton, où la société a son siège principal. Il en sera donné récépissé.

Un des exemplaires des statuts et de la liste des membres de la société sera par les soins du juge de paix, déposé au greffe du tribunal de commerce de l'arrondissement.

Chaque année dans la première quinzaine de février, le directeur ou un administrateur de la société déposera, en double exemplaire, au greffe de la justice de paix du canton, avec la liste des membres faisant partie de la société à cette date, le tableau sommaire des recettes et des dépenses, ainsi que des opérations effectuées dans l'année précédente. Un des exemplaires sera déposé par les soins du juge de paix au greffe du tribunal de commerce.

Les documents déposés au greffe de la justice de paix et du tribunal de commerce seront communiqués à tout requérant.

Art. 6. — Les membres chargés de l'administration de la société seront personnellement responsables, en cas de violation des statuts ou des dispositions de la présente loi, du préjudice résultant de cette violation.

Ils pourront être poursuivis et punis d'une amende de 16 à 200 francs.

Le tribunal pourra en outre, à la diligence du Procureur de la République, prononcer la dissolution de la société.

Au cas de fausse déclaration relative aux statuts ou aux noms et qualités des administrateurs, des directeurs, ou des sociétaires, l'amende pourra être portée à 500 francs.

Art. 7 — La présente loi est applicable à l'Algérie et aux colonies.

ANNEXE B.

Loi du 31 mars 1899.

Article premier. — L'avance de 40 millions de francs et la redevance annuelle à verser au Trésor par la Banque de France, en vertu de la convention du 31 octobre 1896, approuvée par la loi du 17 novembre 1897, sont mises à la disposition du Gouvernement pour être attribuées à titre d'avances sans intérêts aux caisses régionales de crédit agricole mutuel, qui seront constituées d'après les dispositions de la loi du 5 novembre 1894.

Art. 2. — Les caisses régionales ont pour but de faciliter les opérations concernant l'industrie agricole effectuées par les membres des sociétés locales de crédit agricole mutuel de leur circonscription et garanties par ces sociétés.

A cet effet, elles escomptent les effets souscrits par les membres des sociétés locales et endossés par ces sociétés.

Elles peuvent faire à ces sociétés les avances nécessaires pour la constitution de leur fonds de roulement.

Toutes autres opérations leur sont interdites.

Art. 3. — Le montant des avances faites aux caisses régionales ne pourra excéder le montant du capital versé en espèces.

Ces avances ne pourront être faites pour une durée de plus de cinq ans. Elles pourront être renouvelées.

Elles deviendront immédiatement remboursables en cas de violation des statuts qui diminueraient les garanties de remboursement.

Art. 4. — La répartition des avances sera faite par le ministre de l'Agriculture sur l'avis d'une commission spéciale nommée par décret, qui sera ainsi composée :

Le ministre de l'Agriculture, président ;

Deux sénateurs ;

Trois députés ;

Un membre du Conseil d'État ;

Un membre de la Cour des comptes ;

Le gouverneur de la Banque de France ou son délégué ;

Deux fonctionnaires du ministère des Finances ;

Trois fonctionnaires du ministère de l'Agriculture ;

Six représentants des sociétés de crédit agricole mutuel régionales ou locales, choisis parmi les membres de ces sociétés ;

Trois membres du Conseil supérieur de l'Agriculture.

Art. 5. — Un décret, rendu sur l'avis de la commission, fixera les moyens de contrôle et de surveillance à exercer sur les caisses régionales.

Les statuts de ces caisses devront être déposés au ministère de l'Agriculture.

Ces statuts indiqueront la circonscription territoriale des sociétés, la nature et l'étendue de leurs opérations et leur mode d'administration.

Ils détermineront la composition du capital social, la proportion dans laquelle chaque sociétaire pourra contribuer à sa constitution, ainsi que les conditions de retrait s'il y a lieu, le nombre des parts dont les deux tiers au moins seront réservés de préférence aux sociétés locales, l'intérêt à allouer aux parts, lequel ne pourra dépasser 5 % du capital versé, le maximum des dépôts à recevoir en comptes courants et le maximum des bons à émettre, lesquels réunis ne pourront excéder les trois quarts du montant des effets en portefeuille, les conditions et les règles applicables à la modification des statuts et à la liquidation de la société.

Art. 6. — Le ministre de l'Agriculture adressera chaque année au Président de la République un compte rendu des opérations faites en exécution de la présente loi, lequel sera publié au *Journal Officiel.*

ANNEXE C.

Rapport fait au nom de la Commission (1) chargée d'examiner le projet de loi, adopté par la Chambre des Députés, ayant pour but l'institution des caisses régionales de crédit agricole mutuel et les encouragements à leur donner ainsi qu'aux sociétés et aux banques locales de crédit agricole mutuel,

PAR M. Victor LOURTIES
Sénateur.

Messieurs,

Les articles 5 et 7 de la loi du 17 décembre 1897, portant prorogation du privilège de la Banque de France, étaient ainsi conçus :

« *Art. 5.* — A partir du 1er janvier et jusques et y compris l'année 1920, la Banque versera à l'État, chaque année et par semestre, une redevance égale au produit du huitième du taux de l'escompte par le chiffre de la circulation productive, sans qu'elle puisse jamais être inférieure à 2 millions de francs. Pour la fixation de cette redevance, la moyenne annuelle de la circulation productive sera calculée telle qu'elle est déterminée pour l'application de la loi du 13 juin 1878. Le premier payement semestriel sera exigible quinze jours après l'expiration du semestre dans lequel la loi aura été promulguée : les autres payements s'effectueront le 15 janvier et le 15 juillet de chaque année, le dernier devant avoir lieu le 15 janvier 1921. »

« *Art. 7.* — Est approuvée la convention du 31 octobre 1896, en vertu de laquelle, indépendamment des 140 millions spécifiés à l'article 6, la Banque s'engage à mettre à la disposition de l'État, sans intérêt et pour toute la durée de son privilège, une nouvelle avance de 40 millions de francs. Cette convention est dispensée des droits de timbre et d'enregistrement. »

---

(1) Cette Commission est composée de MM. Gouin, président ; Eugène Guérin, secrétaire ; N***, Antonin Dubost, Moroux. N***, Poirrier (Seine), Ernest Boulanger, N***, Prevet, Denormandie, Émile Labiche, Lourties, Pauliat, Raynal, Mir, Édouard Millaud, Savary (Finistère).

D'autre part, l'article 18 de la même loi stipulait que :

« Les sommes versées par la Banque par application des articles 5 et 7 seraient réservées et portées à un compte spécial du Trésor jusqu'à ce qu'une loi eût établi les conditions de fonctionnement d'un ou de plusieurs établissements de crédit agricole ».

Il y avait donc urgence, dans l'intérêt même de la diffusion du crédit agricole dans ce pays, à créer les organismes prévus par la loi du 17 décembre 1897.

Aussi le Gouvernement, dans la séance de la Chambre des Députés du 15 juin 1897, prenait-il l'engagement de présenter au Parlement un projet de loi sur l'organisation des caisses régionales de crédit agricole mutuel et d'affecter à ces caisses l'avance de 40 millions et la redevance annuelle de 2 millions prévues par la loi précitée.

Quelques mois après, en effet, à la séance du 20 décembre 1897, un projet de loi était déposé sur le bureau de la Chambre par les ministres de l'Agriculture et des Finances, ayant pour but l'institution de *caisses régionales de crédit agricole mutuel* et les encouragements à leur donner, ainsi qu'aux sociétés et aux banques locales de crédit agricole mutuel.

Ce projet, remanié sur certains points par la commission parlementaire, d'accord avec le Gouvernement, a été voté par la Chambre des Députés, dans sa séance du 31 mars 1898, *avec déclaration d'urgence.*

Déposé au Sénat le 2 avril suivant, à la veille des vacances de Pâques, il a été renvoyé, dans le courant du mois de décembre de la même année, à la commission du Sénat relative au privilège de la Banque de France,

La commission s'est livrée à un examen approfondi de la question. Elle a fait une étude comparative des propositions primitives du Gouvernement et du texte voté par la Chambre des Députés.

J'ai l'honneur de soumettre en son nom, au Sénat, les considérations qui l'ont déterminée à s'en tenir au projet tel qu'il a été arrêté par la Chambre.

CONSIDÉRATIONS GÉNÉRALES.

Il n'entre pas dans le cadre de ce rapport de faire ici l'historique des essais aussi nombreux que divers qui ont été faits en France, soit par les pouvoirs publics, soit par l'initiative privée, en vue d'y acclimater le crédit agricole. Nous n'insisterons pas davantage sur l'utilité du crédit pour une certaine catégorie d'agriculteurs.

On peut dire, *sur le premier point,* qu'il y a peu de questions qui aient donné lieu à autant d'enquêtes, de projets ou de propositions de loi, de rapports parlementaires ou extraparlementaires que celle de l'organisation du crédit agricole en France (1).

---

(1) PROJETS, PROPOSITIONS DE LOIS ET RAPPORTS PARLEMENTAIRES
SUR LE CRÉDIT AGRICOLE.

Législature 1877-81

Proposition de loi — Mir (n° 3352).

Législature 1881-85

Proposition de loi — de Sonnier (n° 2597)

Projet de loi présenté au Sénat par M. de Mahy, ministre de l'Agriculture, et M. Léon Say, ministre des Finances (n° 407).

Rapport de M. Labiche au Sénat (n° 464).

Rapport de M. de Sonnier à la Chambre (n° 3562).

Proposition de loi — Dethoux — Chambre (n° 3528).

Proposition de loi — Bozérian — Sénat (n° 486).

Législature 1885-89

Proposition de loi — Thellier — Chambre (n° 852).

Rapport sommaire — Gobron (n° 2162).

Proposition de loi — Dethoux — Chambre (n° 1589).

Rapport sommaire — Jouvancel (n° 2277).

Proposition — Lockroy — Crédit populaire par les caisses d'épargne (n° 19).

Depuis 1840 notamment, ça a été à qui du Gouvernement et du Parlement apporterait le plus de zèle et de sollicitude à la recherche de la solution la plus pratique.

Sans entrer dans les détails, peut-être n'est-il pas sans intérêt, au seuil de cette étude, de rappeler en quelques mots les réformes réalisées jusqu'à ce jour, qui pouvaient être de nature à favoriser le développement du crédit agricole dans ce pays.

Dès 1882, un projet de loi était déposé au Sénat par MM. de Mahy, ministre de l'Agriculture, et Léon Say, ministre des Finances, ayant pour objet de permettre la constitution d'un gage sans dessaisissement de l'objet engagé et d'étendre la juridiction commerciale.

La commission sénatoriale lui substitua un contre-projet plus complet. Mais, malgré l'habile défense de son éminent rapporteur, l'honorable M. Émile Labiche, projet et contre-projet furent renvoyés à la commission, et les choses en restèrent là.

La première de ces réformes a été réalisée par la loi du 18 juillet 1898 sur *les warrants agricoles*, qui organise le gage agricole sans déplacement.

Désormais, tout agriculteur peut emprunter sur les produits provenant de sa récolte désignés à l'article premier de ladite loi, en conservant la garde de ses produits dans les bâtiments ou sur les terres de son exploitation.

Pour la seconde, l'extension de la juridiction commerciale, autrement dit, l'application de la juridiction commerciale aux signataires de billets à ordre, l'entente ne s'est pas encore faite. La commission du Sénat admit le principe de la réforme, mais elle pensa que le Gouvernement était allé trop loin en donnant le caractère d'acte de commerce à tous les engagements ayant pour cause une opération agricole, et qu'il suffisait d'attribuer le caractère commercial à tout billet à ordre, quelle que fût la qualité du souscripteur, quelle que fût la cause de l'obligation. Cela était nécessaire, selon nous, car, en fait, même en limitant cette clause aux billets souscrits par des agriculteurs, on peut dire que bien peu d'engagements resteraient en dehors de la compétence des tribunaux de commerce.

Législature 1889-93.

Proposition de loi — Méline (nᵒ 547).
Rapport sommaire - Bertrand (nᵒ 627).

Proposition de loi — Antonin Proust (nᵒ 947).
Rapport — Mir (nᵒ 2036).
Propositions de loi — Guillemet (nᵒ 791) — Proust (nᵒ 917) - Martinon (nᵒ 1772) — Laffargue (nᵒ 2306) — Castelnau (nᵒ 2300).
Sans rapports.
Première délibération — 11, 16, 18, 20 juin 1892.
Deuxième délibération — Adoption — 29 avril 1893.
Projet de loi présenté par M. Develle, ministre de l'Agriculture, et M. Rouvier, ministre des Finances (nᵒ 2311).
Rapport — Mir (nᵒ 2602).
Urgence déclarée et adoption — 1ᵉʳ mai 1893.
Présenté au Sénat le 2 juin 1893 (nᵒ 195).

Proposition de loi — Codet (nᵒ 246).
Rapport sommaire — Codet (nᵒ 1132).

Année 1894.

Rapport — Labiche — Sénat (nᵒ 48).
Première délibération — Sénat — 27 avril 1894.
Deuxième délibération — Sénat - 21 mai 1894.
Promulgation — 6 novembre 1894.

Année 1895.

Proposition de loi transmise à la Chambre (nᵒ 654).
Rapport — Codet (nᵒ 787).
Adoption — 27 octobre 1894.

Proposition — Calvet — Sénat (nᵒ 200).
Rapport sommaire — Poirrier (nᵒ 46).

Quoiqu'il en soit, la situation s'est améliorée depuis, par le fait des modifications apportées par la loi du 7 juin 1894, qui modifie comme suit le paragraphe premier de l'article 110, l'article 112 et le dernier paragraphe de l'article 632 du code de commerce :

« *Art. 110*, § 1er. — La lettre de change est tirée, soit d'un lieu sur un autre, *soit d'un lieu sur le même lieu.* »

« *Art. 112.* — Sont réputées simples promesses toutes lettres de change contenant supposition, soit de nom, soit de qualité. »

« *Art. 632.* — La loi répute actes de commerce..... (dernier paragraphe). Entre toutes personnes, *la lettre de change.* »

Il résulte de la loi du 7 juin 1894 qu'en employant la forme de la lettre de change, qui peut actuellement être tirée d'un lieu sur le même lieu, tout souscripteur, et par conséquent tout agriculteur, peut, quelle que soit la cause de ses engagements, leur conférer le caractère commercial, que la commission sénatoriale de 1882 avait proposé de donner aux billets à ordre afin de leur assurer l'application de la juridiction commerciale (1). Du reste, en ce qui concerne la Banque de France, s'il importe qu'elle ait un portefeuille promptement réalisable, et si le délai de son escompte ne peut, en droit, excéder trois mois, condition fâcheuse pour le crédit agricole, en fait, elle accorde, dans la pratique, un délai de six et de neuf mois, au moyen de renouvellements, dans certains cas de solvabilité notoire de l'emprunteur agricole.

Les deux autres réformes ajoutées par la commission sénatoriale de 1882 avaient pour objet de restreindre le privilège du bailleur à la garantie des fermages de deux années échues, de l'année courante et de l'année à venir, et d'établir, en faveur des créanciers privilégiés, une subrogation légale au droit du débiteur aux indemnités qui lui seraient dues par une compagnie d'assurance pour perte des objets sur lesquels portaient les privilèges. Elles ont été réalisées par la loi du 19 février 1889.

Ce sont là, assurément, des améliorations de nature à augmenter le crédit de l'agriculteur, puisqu'elles lui permettent d'offrir aux capitalistes des garanties plus sérieuses.

Mais cela ne suffisait pas, il fallait aussi trouver des institutions de crédit qui missent à la disposition des emprunteurs les capitaux qui leur sont nécessaires.

Nous arrivons au second point :

L'utilité du crédit à l'agriculture.

La première question qui se pose, lorsqu'on parle de crédit agricole, c'est de savoir s'il y a réellement besoin de recourir à une formule spéciale pour donner le crédit à l'agriculture et si ce genre de crédit est bien nécessaire.

D'aucuns ont prétendu que le crédit agricole n'existait pas. « Il n'y a pas un crédit agricole, il y a le crédit », disait M. Dupin dans une discussion sur l'organisation du crédit agricole en 1845.

Sans doute, le crédit agricole n'est qu'une des modalités du crédit en général ; mais il y a cependant des traits particuliers qui le distinguent du crédit ordinaire fait à l'industriel et au commerçant.

Année 1897.

Proposition de loi — Martinou (n° 2651).
Projet de loi — Méline, ministre de l'Agriculture, et Cochery, ministre des Finances (n° 2919).
Rapport — Codet (n° 3109).

Année 1898.

Adoption — 31 mai 1898.
Rapport — Codet (n° 2135).
Transmission au Sénat.

---

(1) Voir sur la loi du 7 juin 1894 le rapport de M. Marquis, 4 mai 1891. — N° 85, session 1894.

Il se présente d'ailleurs sous des formes diverses :

D'une manière générale, on peut dire que le crédit agricole est celui qui est fait en vue d'une amélioration agricole.

Lorsque l'agriculteur emprunte en fournissant un gage immobilier, le crédit prend le nom de *crédit foncier*, et il est à la fois personnel et immobilier. C'est le crédit auquel ont recours les propriétaires du sol en vue d'améliorations foncières permanentes, telles que défrichements, boisements, endiguements, drainages, ouvertures ou améliorations de chemins d'exploitation, etc. Les grands propriétaires et les fermiers qui offrent par leur situation ou leur fortune personnelle des garanties de premier ordre l'obtiennent sans peine, soit du Crédit foncier, soit d'autres établissements de crédit.

Le crédit est simplement personnel lorsque l'emprunteur ne peut offrir en garantie aucun gage immobilier, et qu'il repose uniquement sur la solvabilité personnelle de l'emprunteur, sur sa valeur intellectuelle et morale, son instruction professionnelle, sa probité, son esprit d'ordre et d'économie.

Le premier est destiné à l'accroissement du capital foncier, le second au capital d'exploitation.

Nous n'insisterons pas davantage dans ce rapport sur le *crédit foncier*, basé sur un gage immobilier.

Au surplus pour combien d'agriculteurs, pour les petits surtout, le crédit réel, le prêt sur hypothèque du Crédit foncier en un mot, est-il impraticable à cause des formalités et des dépenses qu'il exige ! Eh combien il est dangereux aussi pour l'emprunteur ! Qu'il manque au payement des intérêts à l'échéance, et le voilà réduit à la vente du terrain hypothéqué.

Mais il y a plus : combien de cultivateurs, de fermiers, de métayers, sont hors d'état d'offrir en garantie un gage immobilier quel qu'il soit, et qui auraient cependant avantage à emprunter pour accroître leur capital d'exploitation au moyen de l'achat de semences, d'engrais, de bétail, de machines agricoles, etc. ?

C'est de cette variété de crédit agricole dont nous avons à nous occuper d'une manière spéciale dans le projet de loi actuellement soumis au Sénat.

Et d'abord, ce crédit est-il véritablement utile ? Quelques personnes ont prétendu que l'agriculture pouvait s'en passer ; d'autres sont allées plus loin et ont vu un véritable danger dans les facilités données à certains agriculteurs d'obtenir du crédit.

Ce sont là des exagérations. Comment pourrait-on, en effet, dans bien des cas, permettre à l'agriculteur d'apporter à la terre les améliorations dont la science lui a démontré la nécessité, sans mettre à sa portée les capitaux indispensables pour ces opérations ?

Il suffit, pour s'en convaincre, de lire le remarquable rapport de M. Josseau, ancien président de la Société nationale d'Agriculture, à M. le ministre de l'Agriculture. « Parmi les causes, dit M. Josseau, qui, dans tous les pays, ont longtemps paralysé les progrès de l'agriculture, il en est une que l'on s'est généralement accordé à reconnaître : c'est le manque d'argent, ou plutôt c'est l'insuffisance de crédit dont elle jouit pour se procurer les capitaux indispensables à ses besoins les plus urgents.

« Sans le crédit, c'est en vain que la science découvre chaque jour de nouveaux éléments de fertilisation, c'est en vain que la mécanique invente des engins qui suppléent au défaut des bras et accélèrent la rapidité du travail : l'agriculteur ne peut profiter des avantages que lui offrent tous ces moyens d'accroître sa production et de diminuer ses frais. Sans le crédit, il ne peut, le plus souvent, après sa récolte, attendre un moment favorable pour la livrer au commerce.

« Pour payer les frais de sa culture et subvenir aux besoins de sa famille, il est obligé, s'il ne veut pas se mettre à la merci d'un usurier des campagnes, de se défaire de sa marchandise en temps inopportun, et c'est ainsi qu'à certaines époques de l'année, l'encombrement des céréales sur le marché devient une cause bien connue de l'avilissement des cours. La conséquence fatale de cet état de choses, c'est que les années d'abondance elles-mêmes ne donnent point au cultivateur les moyens de réparer les pertes que lui occasionnent les années de disette, ainsi que les fléaux, les accidents de maladies épidémiques qu frappen. si souvent ses bestiaux et ses récoltes,

« L'utilité de donner un crédit à l'agriculture est donc incontestable, soit au point de vue de son intérêt particulier, soit au point de vue de l'intérêt public. Mettre aux mains de l'agriculteur les moyens d'acheter en temps opportun et au meilleur marché possible des outils, des bestiaux et des engrais, de pratiquer sur la terre qu il cultive des travaux d'amélioration, de choisir le meilleur moment pour l'écoulement de ses produits, c'est non seulement contribuer à son bien-être ou conjurer sa ruine, mais c'est atténuer les effets des grandes calamités publiques et alimenter les sources de la prospérité du pays. »

Quant à la crainte du danger que peut présenter l'usage du crédit pour l'agriculture, assurément elle pourrait avoir un certain fondement si on ne prenait pas les précautions dont nous parlerons plus loin. En matière de crédit, tout dépend de l'usage que l'on en fait.

C'est ainsi qu'emprunter pour acheter de la terre est le plus souvent une mauvaise spéculation, les capitaux fonciers ne rapportant que 3, 4, 5% au plus.

Emprunter au contraire pour augmenter ses capitaux d'exploitation est généralement une opération fructueuse : les capitaux d'exploitation employés avec intelligence arrivent en effet à donner 10, 12 % et parfois davantage ; et, en thèse générale, on peut dire que le crédit employé à des opérations utiles à l'agriculture peut être aussi avantageux que s'il était appliqué au commerce et à l'industrie.

Toute la question consiste donc à rechercher la meilleure organisation du crédit agricole, celle qui peut permettre de n'en faire bénéficier que les agriculteurs qui en doivent faire un bon usage, et d'assurer au prêteur le remboursement à peu près certain de sa créance.

Divers systèmes ont été essayés. Ceux qui n'ont pas eu cette double préoccupation ont eu des insuccès plus ou moins retentissants : témoin la société « le Crédit agricole » créée sous le patronage du Crédit foncier par la loi du 28 juillet 1860.

Cette société avait pour but principal de procurer des capitaux ou des crédits à l'agriculture et aux industries qui s'y rattachent. Elle escomptait le papier agricole, muni de deux signatures au moins, dont l'une émanant de personnes admises au bénéfice de l'escompte et de la garantie de la société, banquiers, agents responsables, sociétés annexes fondées sous le patronage de la Société.

Tout alla assez bien jusqu'en 1876 ; mais, à cette époque, elle fut obligée de liquider à la suite de pertes diverses éprouvées dans des opérations qui n'intéressaient d'ailleurs en aucune façon l'agriculture.

Il en aurait été vraisemblablement de même de toute autre banque centrale, subventionnée par l'Etat. Elle eût été amenée fatalement à dévier de son but, comme la Banque de crédit agricole de 1860 ; et on peut dire que le même sort est vraisemblablement réservé aux institutions centrales non subventionnées, témoins la Banque de crédit au travail de 1863, la Caisse d'escompte de 1865, la Caisse centrale de l'épargne et du travail de 1880. Et la raison en est bien simple : c'est que leur centralisation exagérée les met dans l'impossibilité de prendre contact avec les besoins locaux de crédit personnel, c'est-à-dire de celui qui est consenti à l'emprunteur, non pas en raison de la garantie matérielle, hypothèque ou gage, qu'il offre au prêteur, mais à raison de ses qualités personnelles, de ses habitudes d'ordre et d'économie, de sa réputation d'honnêteté, qualités dans lesquelles le créancier trouve une garantie morale suffisante pour être certain de son remboursement.

Une banque de cette nature se trouve placée trop loin des fermiers, des métayers, des cultivateurs, pour les connaître et être connue d'eux.

Elle aura beau avoir des banquiers correspondants, il lui sera impossible d'avoir des renseignements suffisants sur la valeur morale des emprunteurs et de distribuer le crédit à l'agriculteur avec une connaissance précise de ses besoins, du profit que pourra lui procurer pour son exploitation agricole l'avance sollicitée et du préjudice qu'il peut faire courir à la banque. En d'autres termes, une administration centrale et lointaine ne pourra jamais avoir la connaissance locale des choses et des gens que nécessite le crédit personnel.

D'autre part, le paysan petit propriétaire, le fermier, ceux qui ont besoin du crédit pour des opérations agricoles courantes, telles que l'achat d'une vache, d'une paire de bœufs, d'une machine agricole, d'engrais, etc., ne connaîtront pas le banquier correspondant de la banque centrale. Ils ignoreront le plus souvent l'existence dans une ville plus ou moins éloignée d'un banquier disposé à escompter le papier agricole.

Il manque d'ailleurs à l'agriculteur dont nous venons de parler l'éducation économique qui pourrait lui faire apprécier les services que peut lui rendre une banque; et cette éducation économique, ce n'est assurément pas un grand établissement de crédit, créé dans la capitale, avec ou sans la subvention de l'État, qui pourra la répandre dans les campagnes.

C'est là ce qui explique l'insuccès de la Société du crédit agricole de 1860. Elle fit des affaires avec de riches fermiers ou de grands propriétaires, elle ne put pénétrer assez avant dans les campagnes et apporter un soulagement à la moyenne et à la petite culture dans la plupart des départements ; et c'est cette insuffisance de clientèle agricole qui la poussa à entreprendre des affaires de spéculation qui l'ont conduite à la ruine.

Peut-être objectera-t-on que des institutions de cette nature existent et fonctionnent normalement dans certains pays, comme l'Allemagne, et que d'autres, comme l'Autriche-Hongrie et l'Italie, songent à entrer dans la voie de l'intervention de l'État. Pour ne parler que de l'Allemagne, où le crédit agricole et populaire est si fortement organisé, il est vrai que la loi du 31 juillet 1895 a créé à Berlin une Caisse centrale d'État des associations.

La Caisse d'État prussienne, dotée d'abord d'un capital de 5 millions de marks, porté en 1896 à 20 millions, et en 1898 à 50 millions, a pour but de venir en aide aux associations locales en leur fournissant des fonds à un taux modique. Ses opérations se sont, paraît-il, rapidement développées, et on leur attribue, au moins en partie, la progression considérable des sociétés coopératives de crédit allemandes, dans ces dernières années.

N'empêche que le principe même de cette Caisse centrale est vivement combattu par la puissante fédération des associations Schultze Delitzsch, dirigée à Berlin par le docteur Crüger ; et d'ailleurs, il convient de faire remarquer que cette institution a vu le jour à un moment où le crédit coopératif avait poussé sur tout le territoire de l'Allemagne de profondes racines, à un moment où le crédit personnel urbain et rural était *constitué par en bas* depuis cinquante ans lorsqu'on a songé à le *compléter par en haut*.

Tel n'est pas notre cas ; malgré la législation libérale de 1894, malgré les efforts de l'initiative privée, et quoique les résultats obtenus jusqu'à ce jour soient pleins de promesses pour l'avenir, nous sommes encore fort loin du développement qu'a pris en Allemagne la coopération de crédit.

Allemagne.

L'Allemagne est arrivée depuis une quarantaine d'années, à des résultats considérables en matière de crédit agricole, à la faveur de l'association.

Déjà, en matière de crédit foncier, l'idée d'association s'était depuis longtemps réalisée par la création d'associations coopératives de crédit rural hypothécaire (*Landschaften*), dont les premières remontent au XVIIIe siècle.

Elles fonctionnent aujourd'hui encore avec un certain succès. Elles remettent, en échange des hypothèques qu'on leur apporte, des lettres de gage (*Pfandbriefe*) négociables et gagées par l'ensemble des biens de la *Landschaft*. D'après une statistique du 1er décembre 1896, les diverses *Landschaften* de Prusse avaient émis des lettres de gage représentant une somme totale de 2.221.360.000 marks au taux de 3, 3½, 4, ou 4½ %. La *Centrallandschaft* de Berlin figurait dans ce chiffre pour 320.210.000 marks.

L'idée féconde d'association a encore suscité en matière de crédit foncier un certain nombre de *Rentenbriefe* amortissables par des versements annuels.

Mais c'est surtout en matière de *crédit personnel* que le principe de l'association a rendu les plus grands services, grâce surtout à l'adoption du principe de la solidarité illimitée.

C'est ce principe, qui est à la base des institutions Schulze-Delitzsch et des associations du type Raiffeisen. Celles du type Haas ont admis la possibilité d'une solidarité limitée.

Les associations Schulze-Delitzsch, associations d'avances (*Worschussvereine*) ont pour objet de procurer le crédit personnel aux classes peu aisées de la population. Quoiqu'elles aient été utilisées pour le crédit agricole, elles réalisent surtout le crédit urbain.

La première de ces associations fut fondée par Schulze à Delitzsch en 1850. La pensée du fondateur était de procurer le crédit aux classes peu fortunées sans intervention de la charité, en mettant en valeur leurs qualités morales, leur activité, leur esprit d'épargne et leur honnêteté.

Que fallait-il pour arriver au but ? Deux conditions : attirer les capitaux par une garantie suffisante et fournir cette garantie en incitant les ouvriers au travail et à l'épargne.

Le *Worschussvereine* les a réalisées en groupant dans l'association des membres qui garantissent solidairement les emprunts sociaux, et qui en outre arrivent à se constituer par l'épargne un petit capital.

Voici quels sont les traits particuliers de ces institutions :

La responsabilité solidaire est l'essence même du système. C'était la condition indispensable pour offrir une garantie suffisante au prêteur, le capital social ne pouvant être assez important, comme dans une banque ordinaire, pour attirer la confiance des capitalistes.

C'étaient, au demeurant, des associations où l'apport insuffisant de capitaux était remplacé par un groupement de personnes apportant en garantie leur travail et leur honorabilité.

Aussi, au début de l'institution, les *Worschussvereine* réservaient-ils les capitaux dont ils pouvaient disposer aux membres de l'association. Ils ont été amenés depuis à accorder du crédit à tout client qui leur paraissait solvable.

Les sociétés d'avances ont un capital social qui leur sert de fonds de roulement et de fonds de garantie ; et comme il résulte de l'épargne des adhérents, c'est là une garantie de plus.

Ce capital social se divise en deux parties : l'une appartient à l'association ; les associés n'y ont aucun droit : c'est la *réserve* ; l'autre appartient en propre à chaque associé. C'est sa part sociale, *son action*.

La réserve s'obtient : 1° par un prélèvement sur les bénéfices, de 15 à 20% les premières années, réduit plus tard entre 5 et 10%, sur les bénéfices nets ; 2° par les droits d'admission payés par les nouveaux sociétaires, qui sont proportionnels à l'importance de la réserve déjà constituée. Ils représentent ce qui leur reviendrait en cas de dissolution de l'association. Mais, dans la pratique, on s'en tient à un chiffre maximum de 10 marks (12 fr. 50) pour ne pas éloigner de ces associations les petits épargnants.

Le maximum de la réserve adoptée par les *Worschussvereine* est généralement de 10% du capital actions.

Capital actions.

Le chiffre de l'action varie entre 100 et 200 thalers (375 à 750 fr.).

Chaque membre doit souscrire *une action ou part* qu'il acquitte par versements mensuels très minimes, généralement un marck ou un demi-marck avec faculté de libération plus rapide.

L'action est un chiffre d'épargne que l'associé doit s'efforcer d'atteindre. C'est en quelque sorte l'épargne forcée, obligatoire. C'est le moyen de donner à l'ouvrier des habitudes d'ordre et d'économie.

Il y est incité aussi par la perspective qu'en cas de besoin il aura d'autant plus de crédit que son épargne sera plus importante. quoique la proportionnalité du crédit à l'avoir social de chaque membre ne soit pas une règle absolue.

Les bénéfiices sont répartis sous forme de dividendes entre les associés proportionnellement à leur avoir social (*Guthaben*).

Ces bénéfices représentent la différence entre le taux des capitaux empruntés et le taux des prêts consentis.

Le *Worschussvereine* se procure les autres capitaux qui lui sont nécessaires sous forme de dépôts ; chose facile, à condition de donner aux déposants une rémunération convenable; et comme les associations d'avances prêtent à leur clientèle à un taux relativement élevé, elles trouvent toujours facilement, sous forme de dépôts, l'argent dont elles ont besoin. Ces sociétés deviennent ainsi de *véritables caisses d'épargne*.

Ces dépôts d'épargne ont, à la vérité, l'inconvénient des dépôts retirables à vue, dont l'utilisation présente de grande difficultés.

C'est pour parer à des retraits imprévus et trop considérables à un moment donné que les *Worschussvereine* se réservent le droit de ne payer à vue qu'une certaine somme déterminée et d'exiger un préavis de quelques jours pour des retraits plus importants. Schulze-Delitzsch recommandait de limiter le total des dépôts à un chiffre maximum.

C'est avec ces ressources, capital social et dépôts, que le *Worschussvereine* procure le crédit à ses membres, et bien souvent aussi, comme nous l'avons dit, à des tiers, en faisant des avances en numéraire contre une obligation civile non négociable (*Schuldschein*), en escomptant les billets à ordre et les lettres de change (*Wechsel*) tirées par un de ses membres sur un autre sociétaire, et même sur un étranger, ou en lui ouvrant un crédit proportionné à ses garanties de solvabilité sous forme de compte courant, (*Lanfende Rechnung*), ce qui, par parenthèse, nécessite une grande mobilité de son portefeuille, mais a l'avantage que les sommes dues par le client portent un intérêt plus élevé — 2 % en général —que celles qu'elle lui doit elle-même. Le *Worschussvereine* se fait payer, en outre des intérêts, une provision proportionnée au mouvement du compte courant.

Une des particularités des associations Schulze-Delitzsch, c'est que les administrateurs ont un traitement fixe et un tant pour cent sur les bénéfices, deux conditions qui portent le taux des prêts à un chiffre plus élevé, ce qui convient peu au prêts agricoles.

Un autre inconvénient de ces associations, au point de vue agricole, provient de ce qu'elles n'admettent ni échéance à plus de trois mois, ni libération par acomptes.

Le *Worschussvereine* prête sur caution, garantie excellente, sur hypothèque, moyen peu pratique pour un prêt à trois mois, et enfin sur gage, qui le plus souvent consiste en titres déposés, voire même en titres de l'association.

En somme, les *Worschussvereine* conviennent mieux, comme nous le disions plus haut, au crédit urbain qu'au crédit agricole. La brièveté du terme, l'échéance maximum de trois mois les rendent à peu près inutilisables pour l'agriculteur. Le crédit agricole exige des termes plus longs et, de préférence, la faculté de remboursement par payements fractionnés. Il exige aussi un taux d'intérêt moins élevé. Or, il faut bien le reconnaître, dans les *Worschussvereine*, Schulze-Delitzsch a sacrifié dans une certaine mesure le crédit à l'épargne, en attirant les capitaux par de gros dividendes, et en portant ainsi l'intérêt à 7 et même à 10 %.

Aussi peut-on dire que toutes les associations d'avances qui s'en sont tenues rigoureusement aux principes posés par le fondateur ont été fort peu profitables à l'agriculture, et que la clientèle agricole qui figure dans les statistiques allemandes a eu plutôt en vue la caisse d'épargne que l'établissement de crédit, ce qui semble résulter d'ailleurs de la différence entre la proportion d'agriculteurs existant dans la clientèle de ces caisses, 25 %, et le crédit mis à leur service, 18 %.

Le nombre de *Worschussvereine* de Schulze-Delitzsch dépassait 3.000 en 1896.

La Fédération générale de ces associations a créé une banque centrale, dont le capital actuel est de 28 millions de marks, la Banque Sœrgel, Parrisius et Cie, avec siège social à Berlin et succursale à Francfort. Le mouvement d'affaires a été en 1897 de 2 milliards 783 millions.

Les associations du type Haas, (groupe d'Offenbach), avec solidarité limitée, se sont réunies elles aussi en une fédération. Cette fédération possède 31 caisses centrales, dont 15 spécialement affectées au crédit. Leurs opérations avaient atteint, en 1896, 207 millions de marks.

Mais, à la vérité, ce sont surtout les *caisses de prêts de Raiffeisen (Darlehnskassen)* qui ont rendu la plus grande somme de services à l'agriculture en Allemagne.

Comme les sociétés du type Schulze-Delitzsch, elles sont fondées sur le principe de la solidarité illimitée. Mais, en réalité, elles n'ont guère d'autre point de ressemblance.

Voici, en quelques mots, leurs traits plus saillants :

L'association a généralement pour limites le territoire de la commune où tous ses membres doivent résider.

La caisse emprunte les capitaux nécessaires à ses membres et leur en fait l'avance suivant leurs besoins.

Tous les bénéfices vont à un fonds de réserve inaliénable. Il n'y est pas question de répartition de dividendes.

La caisse ne possède d'autre capital social que ce fonds de réserve. Les membres n'effectuent aucun versement, et ne sont détenteurs ni de compte courant ni de parts sociales.

Enfin, l'administration est essentiellement gratuite : le caissier seul reçoit une rétribution, mais il lui est interdit de faire partie du conseil d'administration.

On voit là réunies toutes les conditions de nature à favoriser la diffusion du crédit agricole : institution de crédit à proximité de l'emprunteur, prêts consentis avec connaissance parfaite des qualités de l'agriculteur et de l'utilisation des sommes empruntées, développement facile des liens de fraternité et de solidarité entre les membres de l'association, garantie solidaire des associés largement suffisante pour assurer les capitaux nécessaires au crédit, constitution d'une réserve importante qui devient le patrimoine social, provenant des bénéfices réalisés par la caisse sur chacune de ses opérations, gratuité des fonctions administratives, intérêt minimum demandé aux emprunteurs, simplement équivalent à l'intérêt normal, utilisation des bénéfices une fois le chiffre maximum de réserve obtenu, pour des œuvres d'utilité sociale ; acceptation sous forme d'épargne des quelques économies que lui confient les travailleurs modestes, prêts à court terme (3 mois) et prêts à long terme (jusqu'à 10 et même 20 ans), au besoin avec remboursement à échéances échelonnées, prêts en compte courant, avec garantie dans tous les cas, gage, caution ou hypothèque : telles sont les grandes lignes et les précieux avantages de l'organisation des *Darlehnskassen* de Raiffeisen. C'est certainement de tous les systèmes celui qui concilie le mieux les exigences du crédit, la sécurité des opérations et les besoins sociaux et moraux des populations rurales.

Aussi ces merveilleuses institutions ont-elles pris un développement extraordinaire sur tout le territoire de l'Allemagne.

D'après les rapports présentés au dernier congrès tenu en septembre 1898 à Karlsruhe, il y avait dans ce pays, à la fin de l'année 1897, 15.600 associations coopératives dont 11.854, soit 76%, étaient des sociétés coopératives agricoles.

De ces 11.854 associations, 8.451 étaient des associations de crédit (*Spar- und Darlehnskassen*); le reste se composait de sociétés coopératives de production et de consommation, de laiteries ou de fromageries, au nombre de 1.716.

L'année 1897 avait déjà marqué un progrès considérable sur l'année 1896 : le nombre des associations de crédit avait, en effet, augmenté de 839 au cours de cette seule année. L'augmentation a continué en 1898 : 726 caisses rurales ont été créées dans les deux premiers mois de cette année, et si un certain nombre d'associations, dont la création avait sans doute été un peu factice, ont dû se dissoudre, nous n'en trouvons pas moins, à la date du 1er novembre 1898, le chiffre respectable de 12.062 associations agricoles, dont 8.575 sociétés de crédit.

Le groupement des caisses rurales en fédérations s'accentue de plus en plus. Les trois principales sont toujours celle de Neuwied (type Raiffeisen), celle de Schulze-Delitzsch et celle d'Offenbach (type Haas).

Le mouvement d'affaires de la «Caisse centrale agricole de prêts» de Neuwied a été, en 1897, de 269 millions de marks; il a été de 145 millions pour le premier semestre de 1898.

Un des facteurs de cette évolution considérable du crédit agricole, qui prend d'année en année plus d'importance, réside dans l'intervention toujours croissante des caisses d'épargne dans le crédit personnel. C'est, en effet, de ce côté que les caisses d'épargne tendent de plus en plus à orienter leur activité; dans beaucoup de régions elles sont devenues des instruments de crédit personnel agissant parallèlement aux sociétés coopératives de crédit; sur quelques points elles se sont même unies intimement à ces dernières, en ont favorisé l'extension et ont par là contribué dans une large mesure à développer le sentiment de l'initiative privée et de la solidarité sociale.

Effets de la loi du 31 juillet 1895 créant une Caisse centrale à Berlin.

En novembre 1897, il y avait déjà 6.000 sociétés coopératives de crédit, comptant 495.477 membres affiliés à cette caisse (5.000 unions étaient en territoire prussien, 1.000 hors de Prusse).

En avril 1898, la Caisse centrale était en compte courant avec 749 unions de caisses de crédits ou sociétés.

Le taux de l'intérêt, fixé d'abord à 2 ½ % pour les dépôts et à 3 % pour les prêts, a été, au mois d'août 1898, élevé de 1 %, ce qui a motivé de vives attaques contre la Caisse centrale de Berlin.

Bavière.

La Bavière a imité la Prusse. Une loi du 24 janvier 1898 permet au Gouvernement de faire aux caisses de crédit une avance de 100.000 marks — portée à 1.900.000.

Italie.

L'Italie est, après l'Allemagne, le pays où les sociétés coopératives de crédit se sont le plus développées.

La statistique n'y est pas fixée d'une façon certaine, mais nous possédons des éléments d'appréciation très approximatifs.

Les banques populaires italiennes étaient, en 1897, au nombre de 762 (1). Elles ont été fondées d'après le type Schulze-Delitzsch. Le promoteur de ces banques a été le commandeur Luigi Luzzatti, devenu depuis ministre du Trésor, qui a été le véritable apôtre de la coopération de crédit en Italie.

L'organisation italienne a suivi pas à pas l'évolution des sociétés coopératives Schulze-Delitzsch et l'analogie entre le type italien et le type allemand est encore plus grande depuis que la loi allemande de 1889 a autorisé les sociétés d'avances à se constituer sans responsabilité illimitée.

Ces banques populaires ne sont pas, à proprement parler, des institutions spéciales de crédit agricole: mais toutes pratiquent plus ou moins ce genre de crédit. Dans les grandes villes, telles que Bologne, Padoue, Crémone, Plaisance, etc., leurs opérations agricoles ne sont qu'accessoires; mais, dans les petits centres plus agricoles qu'industriels, de très nombreuses banques populaires sont surtout, et même parfois presque exclusivement, des banques de crédit agricole.

Les institutions de crédit agricole proprement dites, ou caisses rurales, qui sont toutes du type Raiffeisen, se répartissent en trois branches:

____

(1) Voir statistique des associations coopératives de divers pays. Londres, 1898.

1º Caisses rurales du type créé par Léone Wollemborg. Ce sont les plus anciennes. (La première, celle de Loreggia, fut fondée en 1883). Elles se développent relativement peu, par suite de la concurrence des caisses rurales catholiques. En juin 1898, elles étaient au nombre de 53 ;

2º Caisses rurales catholiques fondées depuis 1892 par don Luigi Cerutti, curé de Gambarare, en Vénétie. La statistique susvisée en comptait 425, réparties entre les diverses provinces. Mais ce chiffre est très incomplet. La *Cooperazione popolare*, l'organe officiel de la Caisse centrale des caisses rurales catholiques, dans son numéro du 18 juin 1898, enregistrait 779 caisses rurales catholiques existantes au 31 décembre 1897, et ajoutait que, dans les trois premiers mois de 1898, il s'en était créé plus de 40 nouvelles. Le mouvement des dernières années étant de 200 caisses nouvelles par an, les caisses de don Cerutti doivent être aujourd'hui dans les environs de 900, quoique un certain nombre aient été dissoutes par l'administration italienne à l'occasion des troubles de Milan. Dans ce chiffre sont comprises 125 caisses rurales non confessionnelles, du type Wollemborg, et un certain nombre de caisses fondées par les caisses d'épargne ou d'autres institutions. Les caisses rurales catholiques sont alimentées par un certain nombre de banques catholiques provinciales et par une Caisse centrale établie à Parme ;

3º Caisses agraires créées par les caisses d'épargne. Ce type nouveau a été créé à Parme ; il en existait 9 dans cette province en 1896.

Il a réussi dans la province de Parme, et, dans d'autres provinces, on a l'intention de s'en servir pour lutter contre la propagande des caisses rurales confessionnelles de don Cerutti, qui procèdent de l'initiative de l'Œuvre des Congrès et des comités catholiques d'Italie, œuvre à la fois politique et religieuse. Elles sont de date trop récente pour en pouvoir donner une statistique exacte.

Suisse. -- Belgique. — Russie.

La statistique de la coopération de crédit n'a pas le même intérêt dans d'autres pays où cependant elle a pris un certain essor, comme en Suisse, en Belgique, en Russie et en Angleterre.

Les principales sociétés, sont en Suisse, la Banque de Berne, qui est en quelque sorte la Banque centrale, les Banques de Zurich, Fribourg, etc. Elles sont du type Schulze-Delitzsch.

Il en est de même en Belgique, où les principales banques sont celles de Liège, Namur, Charleroi, Anvers, Gand, Huy, etc. C'est à M. Léon d'Andrimont qu'est due l'importance qu'ont prise en Belgique les Worschussvereine.

La Russie possède, elle aussi, une centaine de sociétés de crédit mutuel. Les membres, en outre de la solidarité qui les lie, apportent une autre garantie qui consiste dans le versement du 1|10 du crédit que leur ouvre la banque.

Angleterre. — Ecosse.

Dans le Royaume-Uni, les banques n'ont pas pour but spécial d'aider l'agriculture. Elles sont fondées pour les besoins du commerce et de l'industrie; mais elles opèrent dans les mêmes conditions avec les agriculteurs, à condition qu'ils offrent des garanties suffisantes.

C'est surtout en Écosse que les Banques se sont efforcées de multiplier leurs relations avec la population agricole. Nous croyons devoir insister quelque peu sur le type des banques écossaises, car on peut dire que c'est dans ce pays que le crédit agricole a pris naissance. Si, en effet, les banques écossaises n'ont pas résolu et n'ont pas eu à résoudre le problème du crédit agricole pour les petits fermiers et les agriculteurs modestes, la clientèle agricole étant généralement plus aisée que celle des autres peuples, il faut bien reconnaître toutefois qu'elles ont démocratisé le crédit beaucoup plus que ne l'ont fait les grands établissements des autres pays.

Il est incontestable, en effet, que c'est un des pays où l'agriculture a mis le plus à profit le crédit, et que les services rendus par les banques d'Écosse aux agriculteurs sont hors de pair.

La première de ces banques fut fondée en 1695 par un négociant de Londres, Jacques Holland; d'autres sont venues à la suite. Elles se sont tellement généralisées et ont tellement progressé qu'en 1878 le capital souscrit des banques d'Écosse était de 226.162.500 francs, celui de leurs dépôts de 1.687.555.775 francs. c'est-à-dire près de neuf fois leur capital (1). Leurs bénéfices dans cette même année s'élevaient à 31 millions, et le dividende moyen qui était payé aux actionnaires atteignait le taux de 13 à 18 %, déduction faite des sommes portées au fonds de réserve.

Les banques d'Écosse puisent leurs ressources à des sources diverses:

1° Leur capital propre, provenant des fonds versés par les actionnaires;
2° Leur circulation de billets;
3° Les capitaux qu'elles reçoivent en dépôt;
4° Le réescompte des effets qu'elles ont négociés.

Leur capital propre forme la réserve. Il est placé en fonds publics, en actions de la Banque d'Angleterre et autres titres d'une sécurité complète et d'une réalisation facile.

Un des traits distinctifs de ces banques, c'est l'émission des billets, qui leur procure des capitaux considérables, et leur permet d'attribuer un intérêt aux dépôts d'épargne et de consentir à des conditions modestes leurs prêts sur caution, connus sous le nom de « *Cash-Credits* ».

Une autre particularité intéressante de ces banques, c'est l'énorme importance que les dépôts d'argent ont prise dans leur fonctionnement. Elles sont, de ce fait, de *véritables caisses d'épargne*, d'autant plus précieuses que leurs 800 comptoirs sont disséminés sur toute l'étendue du territoire, jusque dans les communes de l'importance de nos petits chefs-lieux de canton.

Ces dépôts sont de deux sortes: les *deposit-receipts*, qui ne peuvent être retirés que par le dépositaire lui-même, et les *operating-deposit accounts*, qui sont de véritables dépôts en comptes courants transmissibles à des tiers par chèques, par billets à ordre, etc.

Enfin la Banque d'Écosse trouve une autre source de capitaux dans le réescompte des effets en portefeuille qui se fait généralement avec la Banque d'Angleterre.

L'utilisation de ces capitaux de provenances diverses se fait sous forme de prêts sur hypothèque et sur nantissements de titres. Elles s'attachent surtout à l'escompte du papier agricole.

Mais la caractéristique de ces banques, c'est le « *Cash-Credit account* », qui consiste dans l'ouverture d'un compte courant, avec avance préalable, à toute personne qui justifie d'une certaine solvabilité matérielle et morale, ou qui offre une caution agréée par la banque.

La banque s'assure de la valeur de la garantie personnelle de l'emprunteur et de celle de la caution, en même temps que la destination des capitaux.

L'emprunteur devient du coup client de la banque; il lui confie ses épargnes qui sont portées à son compte créditeur et sont productives d'intérêts. La banque effectue, en outre, ses payements et ses recouvrements par l'emploi de chèques et la remise d'effets commerciaux, de telle sorte qu'elle suit en quelque sorte au jour le jour les affaires de son client, et est à tout moment en mesure de savoir si elle doit restreindre ou élargir son crédit.

On peut dire que c'est grâce à ce puissant instrument de crédit que l'agriculture a eu, en Écosse, une prospérité exceptionnelle, et que les banques écossaises ont aussi contribué puissamment à l'amélioration morale de ce pays en créant par l'épargne une classe de petits capitalistes à la fois créditeurs et débiteurs de ces banques.

France.

Il n'est pas possible de donner chez nous une statistique exacte des sociétés de crédit agricole, de types divers, actuellement existantes.

---

(1) Le *Crédit agricole*, par Muley, 1892.

Nous donnons aux annexes celles du Centre fédératif du crédit populaire en France (14, rue Montaux, à Marseille) et de l'Union des caisses rurales ouvrières françaises à responsabilité illimitée (Lyon, 97, avenue de Saxe), et enfin celle du ministère de l'Agriculture de 1898.

Il suffit de les analyser pour se convaincre que c'est à l'association et à la mutualité qu'il a fallu recourir, en France, comme en Allemagne et en Italie, pour organiser le crédit agricole ; tant il est vrai que mutualité et solidarité sont les deux principes fondamentaux de toutes les associations de crédit.

C'est leur application qui nous a permis de trouver les conditions spéciales indispensables pour que le crédit agricole soit véritablement efficace.

Ces conditions consistent à le donner avec discernement et avec sécurité.

Or, l'association mutuelle seule permet de connaître exactement d'avance l'objet des emprunts et de contrôler avec précision l'emploi des fonds empruntés, de même qu'elle a pour résultat de rendre plus facile et le moins onéreux possible le crédit à l'agriculture.

C'est elle, en effet, qui rapproche le plus le prêteur de l'emprunteur et favorise ainsi la diffusion du crédit agricole dans les campagnes : c'est elle enfin qui est le mieux en mesure de fournir à la moyenne et à la petite culture des prêts d'une assez longue durée, en un mot, un crédit en rapport avec le temps nécessaire à l'industrie agricole pour la reproduction du capital, et de réduire le plus possible le taux de l'intérêt.

Ainsi organisé, le crédit employé à l'amélioration de l'exploitation agricole a toutes sortes de chances d'augmenter suffisamment les revenus de l'agriculture pour lui permettre de se libérer à l'échéance et d'y trouver un réel avantage.

C'est ce qu'ont très bien compris des hommes d'initiative et de progrès comme MM. Rostand, Rayneri, Ludovic de Besse, Durand, Martin et d'autres promoteurs de banques populaires et agricoles. On peut dire que c'est à leur persévérante énergie et à l'activité féconde des congrès organisés par le Centre fédératif de Marseille, présidé par M. Rostand, que sont dus, pour la plus large part, les progrès accomplis en France, en matière de coopération de crédit, depuis une quinzaine d'années.

Les caisses agricoles se divisent en réalité en trois groupes :

Le plus ancien s'est constitué sous l'empire des dispositions de la loi du 24 juillet 1867 sur les sociétés anonymes à capital variable. Ces associations de crédit ont vu le jour depuis la loi du 21 mars 1884, qui consacre la liberté d'association professionnelle. La Banque agricole de Poligny, fondée en 1887 par le Syndicat agricole de Poligny, peut être prise comme type.

Le capital initial fut fixé à 200.000 francs dont la moitié seulement fut versée.

Prêts pour un usage exclusivement agricole — prêts aux seuls sociétaires ayant versé au moins la moitié d'une coupure d'action de 500 francs, et fournissant une caution et des garanties morales suffisantes ;

Maximum des prêts fixé à 600 francs ;

Admission des effets au réescompte de la Banque de France ;

Prêts à trois mois, avec renouvellement ; limite maxima fixée à un an ;

Taux d'intérêt payé par l'emprunteur : 3.50 %.

Intérêt des actions : 3 %.

Telles sont les conditions de fonctionnement de cette banque qui a donné les résultats les plus satisfaisants.

Un second groupe se compose des sociétés coopératives de crédit agricole en nom collectif. Ce sont les sociétés du type Raiffeisen. Les unes ont pris la forme de l'association à responsabilité illimitée et sont une application pure et simple du système Raiffeisen allemand ; ce sont les caisses rurales de M. Louis Durand : les autres, tout en admettant le principe de la solidarité, ont constitué des parts sociales. Ce sont les caisses coopératives agricoles de M. Rayneri, le distingué directeur de la Banque populaire de Menton.

On peut estimer à 700 environ les caisses rurales qui ont été fondées en France, d'après le type Durand ; mais beaucoup de ces caisses appartenant à l'Union Durand se sont dissoutes à la suite de la jurisprudence du Conseil d'État, fixée par un arrêté du 24 décembre 1897, qui les a assujetties à la patente.

D'autres, après s'être constituées, n'ont jamais fonctionné.

Combien en existe-t-il aujourd'hui en activité ? De 500 à 600 tout au plus, et la plupart ont un caractère confessionnel qui ne peut avoir pour effet que de les priver de précieux concours et d'utiles activités, au détriment de l'œuvre même du crédit populaire.

Les sociétés du type Rayneri sont, comme nous l'avons dit plus haut, des sociétés à responsabilité illimitée, avec parts. Elles demandent aux sociétaires la constitution d'un petit capital. Elles ont l'avantage de pousser à l'épargne et d'inciter le sociétaire « à se constituer insensiblement, comme le dit le fondateur de ces associations coopératives, un petit noyau d'épargne qui est destiné à devenir le point de départ de l'amélioration économique de l'agriculteur ».

Ces caisses ne consentent des prêts que moyennant des billets à ordre renouvelables. Elles sont constituées d'après les principes adoptés par la plus grande partie des sociétés de l'Union d'Offenbach (ancienne Union de Darmstadt) présidée par le docteur Haas. Un certain nombre se sont fondées, dans le Rhône et les Bouches-du-Rhône, à la faveur de l'article 10 de la loi du 20 juillet 1895, qui a si utilement ouvert la brèche, comme le dit M. Dufourmantelle dans son excellent article de la *Revue politique et parlementaire* d'octobre 1897, dans notre système d'épargne centralisée, en autorisant les caisses d'épargne à employer la totalité du revenu de leur fortune en prêts aux sociétés coopératives de crédit ou à la garantie d'opérations d'escompte de ces sociétés, pourvu qu'elles existent dans le département où fonctionne la caisse d'épargne. Les Caisses d'épargne de Lyon et de Marseille, en aidant ainsi à la création ou au développement de la coopération de crédit mutuel dans leurs départements respectifs, ont rendu un réel service à la cause du crédit agricole mutuel. Leur exemple mérite d'être suivi par les autres caisses d'épargne. C'est, selon nous, un moyen pratique et exempt de tout danger de seconder l'épargne, de la décentraliser et de décharger l'État d'une partie de la responsabilité que peut lui faire encourir l'afflux dans ses caisses de l'épargne populaire.

En agissant ainsi nous serions encore loin, non seulement du système Belge qui combine si heureusement la pratique d'une large liberté d'emploi des fonds d'épargne avec le principe de la garantie de l'État, mais aussi et plus encore du système qui a prévalu en Allemagne, en Écosse, en Italie, où le libre emploi des dépôts des caisses d'épargne a si puissamment contribué à la solution du problème du crédit agricole.

Enfin le troisième groupe comprend les banques agricoles régies par la loi du 5 novembre 1894.

La pensée de se servir des syndicats agricoles pour la diffusion du crédit a été des plus heureuses et la démocratie rurale n'en saurait garder trop de reconnaissance à l'homme éminent qui a été le promoteur de cette idée féconde, l'honorable M. Méline.

Il n'est pas douteux que le rôle des syndicats agricoles dans l'organisation du crédit à l'agriculture ne soit appelé à donner les meilleurs résultats. Le nombre des syndicats agricoles est considérable.

On en comptait, en 1896, 1.275 avec un personnel de 423.492 membres. Cette merveilleuse floraison a eu une large part dans le relèvement de notre agriculture. Elle peut et doit avoir pour conséquence naturelle une éclosion parallèle de sociétés coopératives de crédit agricole, le syndicat et la société de crédit étant appelés à se pénétrer et à se compléter mutuellement de la manière la plus heureuse.

Le premier est le contrôle naturel de la seconde. Chargé d'approvisionner les agriculteurs des matières premières nécessaires à l'industrie agricole, semences, engrais, bestiaux, machines, etc., c'est dans la caisse de crédit qu'il trouvera tout naturellement l'argent nécessaire pour ces opérations. Il fera bénéficier l'agriculteur d'un escompte par le payement au comptant, et lui livrera ainsi les produits dont il a besoin aux meilleures conditions, non seulement comme qualité, mais comme bon marché.

C'est à la faveur de la loi du 5 novembre 1894 que les syndicats agricoles ou des membres d'un syndicat agricole ont déjà créé jusqu'à ce jour près de 200 sociétés de crédit agricole mutuel.

De telle sorte que, depuis la fondation du Crédit mutuel de Poligny, en 1885, qui peut être considérée comme le point de départ de l'organisation du crédit agricole en France, on peut dire qu'il s'est créé dans ce pays de 800 à 900 associations des divers types juridiques dont nous venons de parler, sans compter bien des organisations irrégulières faites notamment dans les syndicats agricoles pour la fourniture à crédit de marchandises et produits nécessaires à l'exploitation du sol.

Utilité des caisses régionales.

On le voit, le crédit agricole a fait un pas en avant assez important depuis la loi du 21 mars 1884. Mais combien nous sommes encore loin des progrès accomplis en Allemagne et en Italie !

Quel moyen employer pour lui donner un nouvel et rapide essor dans notre pays ? Par quel moyen arriver à multiplier les caisses agricoles, à créer un lien entre elles, à les alimenter, à les faire vivre ? Telle est la question que nous avons à résoudre dans ce projet de loi.

Nous avons vu que l'Allemagne avait adopté le système d'une Banque centrale subventionnée par l'État.

Devions-nous l'imiter ? Nous n'hésitons pas à répondre négativement ; car, chez nous, une caisse centrale, au lieu d'être la conséquence d'une œuvre parvenue à un haut degré de perfectionnement, comme en Allemagne, constituerait, à peu de chose près, le point de départ de l'organisation du crédit agricole.

Aussi ne pouvons-nous que féliciter le Gouvernement et la Chambre des Députés d'avoir écarté l'idée de la création d'une Banque centrale à Paris, et d'avoir appliqué les principes de la mutualité au projet relatif aux caisses régionales comme l'avait fait le législateur de 1894 aux caisses locales de crédit agricole mutuel.

La loi du 5 novembre 1894 avait eu l'heureuse inspiration d'organiser le crédit *par en bas*, latéralement aux syndicats agricoles, afin de rapprocher, de fortifier et compléter l'action de ces deux précieux facteurs du progrès agraire.

Comme l'a fait justement remarquer un des plus vaillants promoteurs du crédit populaire et agricole, M. Rayneri, dans son remarquable rapport au X\u00b0 congrès du crédit populaire et agricole, « il est aujourd'hui démontré que ce rapprochement constitue un moyen très efficace de procurer aux agriculteurs la plus grande somme d'avantages, et, en ce qui touche spécialement aux fonctions du crédit, d'exercer un contrôle utile sur l'emploi des fonds prêtés. »

Mais il restait un pas à faire. Il fallait, à l'exemple des syndicats qui, profitant de leur rapide expansion, avaient su créer les admirables unions régionales qui les complètent si utilement, provoquer en faveur des sociétés locales de crédit agricole, en grande partie éparses dans nos campagnes, sans liaison et sans soutien, une organisation régionale.

C'est à cela que tend le projet actuel.

Les caisses régionales, dont la loi ne limite ni le nombre ni l'étendue des circonscriptions, seront constituées d'après la loi du 5 novembre 1894. Elles seront placées dans des centres agricoles assez rapprochés des sociétés locales pour que ces dernières sociétés se connaissent, se surveillent et se pénètrent.

Les membres de sociétés locales seront la plupart du temps membres des caisses régionales et les sociétés locales contribueront elles-mêmes à l'organisation de ces caisses, dont les deux tiers au moins des parts leur sont réservées. C'est ainsi que les caisses régionales seront un complément des caisses locales, et créeront entre elles un lien qui ne pourra que leur être profitable.

La mutualité et la solidarité sont, en effet, deux principes particulièrement féconds, qu'ils s'appliquent aux individus ou aux sociétés elles-mêmes.

Le cultivateur, pris isolément, n'offre souvent qu'une garantie insuffisante ; l'union des agriculteurs, fortifiée par la coopération, qui n'est qu'une application du principe mutualiste, et par la solidarité, qui en est l'essence même, offre des garanties plus sérieuses et doit inspirer toute confiance.

Il en est de même des sociétés : leur crédit et leur force ne peuvent que s'accroître par leur union en groupes régionaux.

C'est grâce à cette union que les cultivateurs modestes trouveront le crédit à long terme indispensable à leur exploitation agricole, et c'est ainsi que la loi nouvelle complètera de la manière la plus heureuse la loi du 5 novembre 1894.

EXAMEN DES ARTICLES

Article 1.

L'article premier attribue aux caisses régionales de crédit agricole qui seront constituées d'après les dispositions de la loi du 5 novembre 1894, *à titre d'avances sans intérêt*, l'avance de 40 millions et la redevance annuelle consentie par la Banque de France.

Nous avons dit plus haut combien on avait été sagement inspiré, selon nous, en renonçant au système d'une banque d'État, en présence des inconvénients et des dangers qu'elle aurait présentés.

Des banques régionales d'État, quoique préférables au point de vue de la décentralisation, n'auraient été en définitive que des banques d'État multipliées, et auraient eu la plupart des inconvénients de la banque d'État. Mais il ne s'agit heureusement pas de la substitution de l'État aux initiatives privées ; l'intervention de l'État se borne à un concours financier temporaire à des institutions régionales de crédit agricole fondées par l'initiative privée et ayant pour objet d'alimenter et de répandre les associations locales, ce qui est bien différent.

La seule conséquence de l'intervention de l'État sera l'organisation d'un contrôle sur le caractère duquel nous aurons à nous expliquer à l'article 5.

Certains ont prétendu qu'il aurait été beaucoup plus simple que la Banque de France mit elle-même des capitaux à la disposition des caisses locales de crédit agricole en escomptant leur papier et en leur ouvrant de modestes crédits.

Nous ne le pensons pas.

Sans doute, il suffirait de commercialiser les billets à ordre agricoles pour que la Banque de France pût escompter les effets agricoles, comme elle escompte le papier commercial, et notamment les lettres de change créées suivant la loi du 7 juin 1894.

Il y a plus ; la Banque de France n'a même pas attendu, pour escompter le papier agricole, que la loi ait commercialisé les billets à ordre souscrits par des non-commerçants. L'article 637 du Code de commerce, qui commercialise les billets à ordre portant au moins une signature commerciale, lui a suffi pour accepter à l'escompte les effets souscrits par les agriculteurs de la Nièvre, de la Normandie et d'autres régions agricoles.

La vérité c'est que le terme maximum de trois mois adopté par la Banque de France ne correspond pas, à de très rares exceptions près, aux besoins de l'agriculture, et que si la Banque de France a pu avoir sur certains points, comme dans la Nièvre par exemple, une clientèle agricole, la raison en est que cette clientèle était d'un genre tout spécial. Elle se composait exclusivement d'emboucheurs achetant sur les marchés du bétail maigre et le revendant après quelques mois d'engrais. Et encore, à la vérité, le terme de trois mois était-il trop court même pour eux, et l'emboucheur était-il le plus souvent obligé de recourir à un ou deux renouvellements des effets pour se tirer d'affaire. Mais, nous y insistons, c'est là un cas exceptionnel.

La Banque de France escompte aussi le papier de certains syndicats agricoles ; mais là aussi il s'agit d'opérations spéciales. Ces syndicats achètent des engrais ou autres marchandises qu'ils remettent à leurs membres contre argent comptant. Ils ne font pas crédit à leurs membres et ne demandent par conséquent à leur fournisseurs que les délais nécessaires pour op'rer la répartition des marchandises achetées entre les membres qui les ont commandées. Là encore, le terme de trois mois est largement suffisant.

Mais, pour la plupart des emprunts agricoles, le terme d'une année peut être considéré comme nécessaire.

En outre, et cette considération est plus grave encore, la Banque de France aurait les mêmes inconvénients qu'une banque centrale au point de vue de la connaissance insuffisante des besoins à desservir et de l'utilisation des sommes empruntées.

Enfin, en admettant que la Banque de France, au moyen de succursales disséminées sur toute l'étendue du territoire, fût en mesure de mettre à la disposition de l'agriculteur tout l'argent qui lui est nécessaire, il est certain qu'une pareille diffusion du crédit ne serait pas sans entraîner des dangers pour cette grande institution, et que la création de toutes ces succursales occasionnerait de telles dépenses que ce n'est qu'à un taux relativement élevé que la Banque pourrait prêter aux agriculteurs.

Il fallait donc trouver d'autres organismes financiers pour répartir l'avance de 40 millions et la redevance annuelle au mieux des intérêts agricoles et avec toute la sécurité désirable. Les caisses régionales étaient naturellement indiquées pour cet objet.

Ayant pour point d'appui les syndicats et pour base les dispositions de la loi du 5 novembre 1894, elles bénéficieront de tous les avantages concédés par cette loi aux sociétés de crédit agricole mutuel : dispense de patente, exemption de l'impôt sur les valeurs mobilières, ce qui a bien son importance.

Le projet du Gouvernement disposait, dans le second paragraphe de l'article premier, que chaque caisse régionale fonctionnerait comme société locale de crédit agricole mutuel dans l'étendue de l'arrondissement où serait situé son siège. La Chambre, avec raison, leur a enlevé cette attribution. Elle irait, en effet, à l'encontre du but poursuivi, c'est-à-dire la diffusion des sociétés locales de crédit agricole. Si les caisses régionales prêtaient aux agriculteurs de leur arrondissement, il n'y aurait aucune raison pour eux de créer des caisses locales ; or c'est surtout la généralisation de ces caisses qu'il faut s'efforcer de provoquer. D'ailleurs, l'arrondissement a une étendue trop considérable pour qu'une seule caisse puisse apprécier les besoins de crédit de tous les cultivateurs et suivre l'emploi des prêts qui leur sont consentis.

Nous ne pouvons qu'approuver la Chambre d'avoir enlevé aux caisses régionales cette partie du rôle que leur attribuait le projet du gouvernement.

La plupart des promoteurs du crédit agricole dans ce pays ont critiqué le système des *avances sans intérêt*.

Il a le double inconvénient, en effet, d'engager dans une certaine mesure la responsabilité de l'État, puisque l'État est responsable vis-à-vis de la Banque de l'avance de 40 millions, et de diminuer aux yeux des prêteurs et des emprunteurs le sentiment de la valeur du capital : le prêteur peut y trouver la tentation d'être plus accommodant sur la double question de l'utilité du prêt et des garanties nécessaires ; l'emprunteur une notion moins précise de l'importance des engagements pris et du devoir qui lui incombe d'y satisfaire aux échéances.

Mieux eût valu sans doute, comme l'a demandé le X° congrès dans sa seconde résolution : « que l'État prélevât un intérêt inférieur d'un pour cent au taux d'escompte de la Banque de France sur les avances à accorder aux caisses régionales et que le produit en fût affecté à la constitution d'un fonds spécial de réserve destiné à parer aux pertes éventuelles. »

On aurait obtenu ainsi un double résultat : le maintien d'un principe tutélaire : le droit au capital, quelle que soit sa source, de prétendre à un intérêt, si minime soit-il, et l'atténuation de la responsabilité de l'État.

Tout bien pesé, nous avons pensé qu'étant donnée l'insuffisance des résultats obtenus en matière de crédit agricole, là surtout où il doit pénétrer, c'est-à-dire jusqu'au plus profond des campagnes, il y aurait quelque avantage, au moins au début, à encourager l'éclosion de ces utiles associations en leur faisant les avances nécessaires au taux d'intérêt le plus réduit. Or, la caisse régionale sera bien moins exigeante si, au lieu de payer un intérêt, même minime, des sommes avancées, elle reçoit gratuitement les avances dont elle aura besoin pour faire naître et alimenter le crédit local ; cette

· dispense d'intérêt permettra aux caisses régionales de réduire le taux de l'escompte et de faire bénéficier l'agriculture de cette réduction.

Il est bien entendu d'ailleurs, comme l'observe le Gouvernement dans l'exposé des motifs du projet de loi, qu'il ne s'agit pas de mettre, dès le premier jour, l'avance de 40 millions de la Banque à la disposition des caisses régionales. L'attribution à en faire aura lieu successivement : on cherchera, au fur et à mesure que les caisses se créeront, à se rendre compte de leurs premiers besoins, et c'est à raison et dans les limites de ses besoins que sera fixé chaque année le montant de la somme à prélever en leur faveur. L'avance des 40 millions ne sera mise en totalité à la disposition des caisses régionales que le jour où elles pourront leur donner un emploi sûr et utile. Le surplus sera mis en réserve, portant intérêt au bénéfice de l'œuvre, jusqu'au moment où les besoins se produiront.

Pour les caisses déjà créées, la première répartition sera faite au prorata du capital social de chacune d'elles ; pour les répartitions ultérieures, il sera tenu compte du nombre, du montant, de la nature, de la durée moyenne de leurs opérations et du degré de responsabilité des associés.

Ce sont là des mesures de prudence rigoureusement nécessaires.

Pour en revenir à la question des avances sans intérêt aux caisses régionales, il nous semble préférable, pour le moment, de s'en tenir au texte de la Chambre, car le renvoi du projet à cette Assemblée pour une divergence de vues peu importante sur ce point spécial aurait peut-être le très grave inconvénient d'en retarder trop longtemps le vote et de laisser ainsi sans emploi, pour un temps indéterminé, des libéralités que les pouvoirs publics ont voulu consacrer à l'éclosion et à la diffusion du crédit agricole.

L'expérience démontrera, après quelques années, s'il est nécessaire d'apporter sur ce point une modification à la loi telle qu'elle vous est présentée aujourd'hui, et s'il n'y a pas lieu, dans l'intérêt de l'œuvre elle-même, de constituer, au moyen d'un faible intérêt demandé sur les avances faites aux Caisses régionales, un fonds de prévoyance destiné à favoriser les créations qui surviendront à dater de l'expiration de la convention passée entre l'État et la Banque de France.

Article 2.

L'article 2 dispose que les « caisses régionales ont pour but de faciliter les opérations concernant l'industrie agricole effectuées par les membres des sociétés locales de crédit agricole mutuel de leur circonscription et garanties par ces sociétés. Elles escomptent les effets souscrits par les membres des sociétés locales et endossés par ces sociétés.

« Elles peuvent faire à ces sociétés les avances nécessaires pour la constitution de leur fonds de roulement.

« Toutes les autres opérations leur sont interdites. »

Disons tout d'abord que le dernier paragraphe n'a aucune raison d'être puisque, en dehors des attributions prévues par l'article 2, l'article 5 stipule que les statuts devront prévoir les dépôts en compte courant et en fixer le maximum, de même que celui des bons à émettre.

D'autre part, il n'est pas douteux que les caisses régionales auront la faculté, sinon le devoir, d'aider à la propagation des caisses locales et d'activer ainsi le mouvement mutualiste.

C'est dans cette pensée que le projet du Gouvernement mettait directement à la disposition des sociétés locales de crédit agricole la redevance annuelle de 2 millions à payer par l'État à la Banque de France.

La Chambre a pensé, avec raison, qu'il était préférable de la leur faire parvenir par l'entremise des caisses régionales, mieux placées que l'État pour apprécier les besoins agricoles à satisfaire et l'utilisation des fonds avancés.

Enfin, nous ne pouvons que nous féliciter que le Gouvernement et la Chambre aient préféré le système des avances à celui des subventions. Donner à titre définitif des sommes plus ou moins importantes aux sociétés locales aurait eu vraisemblablement pour effet d'entraîner des abus et de favoriser les gaspillages.

D'autre part, la restitution de ces avances par les sociétés locales, dès que leurs besoins auront cessé, constituera entre les mains de l'État une importante réserve dont il pourra faire usage au profit des sociétés nouvelles, et qui garantira au besoin le remboursement par l'État à la Banque, à l'expiration du privilège, de l'avance de 40 millions, dans le cas, peu probable d'ailleurs, où des insolvabilités viendraient à se produire.

En définitive, la caisse régionale sera l'intermédiaire naturel entre les caisses locales et le Trésor, de même que la caisse locale sera le trait d'union entre l'agriculteur et la caisse régionale.

La caisse régionale escomptera les effets souscrits par les membres des sociétés locales et endossés par ces sociétés.

Elle recevra ces effets munis de deux signatures, celle de l'emprunteur et celle de la société locale. Grâce à l'avance qu'elle recevra sur les 40 millions et sur les 2 millions de redevance annuelle, elle pourra escompter ces effets à trois mois à un taux modéré, et avec faculté de renouvellement, condition nécessaire puisque le prêt à l'agriculture est presque toujours un prêt à échéance assez longue. Les ressources dont elle disposera lui permettront sans peine de conserver ces effets dans son portefeuille ; il lui sera d'ailleurs toujours loisible, en y ajoutant sa signature, de faire réescompter ce papier par la Banque de France.

Dans ces conditions, nous proposons au Sénat d'accepter, sans modification, l'article 2.

Article 3.

Le premier paragraphe de l'article 3 stipule que le montant des avances faites aux caisses régionales ne pourra pas excéder le montant du capital versé en espèces.

Pourquoi cette limitation ?

On a craint sans doute que des avances trop importantes n'eussent pour effet de fausser le caractère de l'institution qui est de venir en aide aux mutualistes, sans les dispenser toutefois de l'effort personnel qu'ils doivent faire tout d'abord.

Quoi qu'il en soit, c'est, selon nous, restreindre outre mesure et sans utilité la portée de la loi.

Il est probable, en effet, que le capital-espèces des caisses régionales ne sera jamais bien important, et il est à craindre que le crédit accordé sur cette base ne soit relativement faible dans la plupart des cas, parfois même absolument insignifiant.

Au demeurant, de quoi s'agit-il ? De fournir des capitaux à l'agriculture, qui en manque, et cela à un taux d'intérêt aussi bas que possible.

Ce but, on veut l'atteindre au moyen de l'avance consentie par la Banque de France moyennant la garantie de l'État.

Mais alors, puisque l'agriculture manque de capitaux disponibles, la première chose à faire est de lui en demander le moins possible, et cela, avec d'autant plus de raison que les capitaux qu'elle pourrait réunir à grand peine exigeraient un intérêt plus élevé.

Et d'ailleurs, à quoi bon provoquer un apport considérable de capitaux dans les caisses régionales ? Croit-on que pendant de longues années elles seront en mesure d'utiliser en totalité les 40 millions d'avances et les 2 millions de redevance annuelle ? Le contraire est certain. Il est même très probable que durant les premières années une somme relativement faible sera utilisable par les caisses régionales de crédit, même en élargissant les bases des avances.

En tout cas, demander, pour prêter à ces caisses 40 millions, que 40 millions soient versés par les porteurs de parts, nous paraît être une exigence bien difficile à satisfaire ; même réduite à la moitié, la somme serait introuvable sans intervention financière dont il ne saurait être question ici, et ce qu'il faut d'ailleurs éviter à tout prix.

Sans doute, il faut garantir l'État contre les pertes possibles ; mais est-il donc nécessaire pour cela de limiter les avances au capital versé ?

L'expérience prouve le contraire. Qu'a fait la Caisse d'épargne de Lyon pour les caisses agricoles dont elle a favorisé l'éclosion dans le département du Rhône ? Elle a porté d'emblée au double de leur capital initial le crédit à accorder à ces caisses, et cependant elle n'a subi aucune perte.

Nous ne verrions, quant à nous, aucun inconvénient, ni aucun danger, à ce que les avances pussent être égales au double du capital dans les conditions suivantes :

1° quand le capital sera entièrement versé ;

2° quand les statuts stipuleront la responsabilité solidaire et illimitée des porteurs de parts, même sans capital versé ;

3° Quand ils établiront la responsabilité limitée au capital, mais proportionnelle et solidaire entre tous les porteurs de parts, avec versement du dixième ou du quart du capital.

Ce seraient là des garanties absolues pour l'État, aussi bien, et peut-être mieux encore dans la deuxième et la troisième hypothèse que dans la première.

Par ces moyens, les caisses régionales se créeraient plus facilement avec des capitaux et des responsabilités professionnelles, c'est-à-dire d'origine rurale, ce qui est à considérer ; et on arriverait à la solution du problème en exigeant le moins possible de capitaux et le plus possible de garanties.

Et cependant, Messieurs, quoique ces considérations aient un côté pratique qui n'échappera pas au Sénat, elles ne nous paraissent pas suffisantes pour motiver le renvoi du projet à la Chambre. Nous faisons une loi d'expérience et la prudence s'impose peut-être plus ici qu'en toute autre matière. Si elle démontre, comme nous en avons la conviction, que nos observations sont justes, nous serons les premiers, au moment voulu, à demander qu'on apporte au projet, sur ce point spécial, les modifications reconnues nécessaires.

Le second paragraphe du texte de la Chambre fixe à cinq ans, avec faculté de renouvellement, la durée des avances. La Chambre a pensé que cette mesure était nécessaire pour garantir les caisses régionales contre des demandes imprévues de remboursement. Le projet du Gouvernement, au contraire, laissait à un décret rendu en Conseil d'État, dans la forme des règlements d'administration publique, le soin de fixer la durée de ces avances.

Nous croyons préférable que la loi se prononce sur ce point, quoique le délai de cinq ans nous semble un peu exagéré. Mais ce n'est là qu'un maximum, et nous espérons que le délai de deux ou trois ans, avec faculté de renouvellement, lui sera préféré d'une manière générale.

« Il ne faut pas trop éloigner de l'emprunteur la préoccupation de l'échéance, dit M. Rayneri dans son excellent rapport au Congrès d'Angoulême, et il est bon de constater de quelle façon s'opèrera la rentrée des avances. » Il est admis d'ailleurs que les prêts accordés par les caisses agricoles doivent être, en principe, remboursés après la réalisation des récoltes. Il faut donc, et nous approuvons le vœu émis sur ce point par le dernier congrès, mettre les caisses régionales dans l'obligation de suivre ces rentrées et d'empêcher les immobilisations de fonds, et pour cela, il faut qu'elles mêmes n'aient pas un trop long délai pour le remboursement des avances qui leur seront faites. Il faut aussi que la Commission spéciale, dont il va être question à l'article 4, puisse suivre périodiquement le roulement et le remboursement des avances accordées aux caisses régionales.

C'est en effet par le mouvement des rentrées qu'on pourra juger de la bonne répartition des fonds avancés et du degré de solvabilité de chaque institution régionale. Se sentant observées de près, les caisses régionales comprendront tout l'intérêt qu'elles auront à procéder avec régularité en vue de consolider leur crédit.

Enfin le dernier paragraphe dispose que les avances deviendront immédiatement remboursables en cas de violation des statuts ou de modifications à ces statuts qui diminueraient les garanties de remboursement.

Nous ne pouvons qu'approuver cette disposition qui se justifie d'elle-même.

Article 4.

L'article 4 modifie profondément le système du Gouvernement, qui chargeait le Conseil d'État de statuer par un règlement d'administration publique sur les bases et les conditions de l'attribution des avances.

La Chambre a substitué au Conseil d'État, dont la compétence en matière de répartition de fonds à des associations agricoles peut être contestable, une commission spéciale qui donne au contraire toute garantie à cet égard.

Cette commission sera nommée par décret.

Elle se composera du ministre de l'Agriculture, président, de deux sénateurs, de trois députés, d'un conseiller d'État, d'un conseiller de la Cour des Comptes, du gouverneur de la Banque de France ou de son délégué, de deux fonctionnaires du Ministère de l'Agriculture, de six représentants de sociétés de crédit agricole mutuel, régionales ou locales, choisis parmi les membres de ces sociétés, de trois membres du Conseil supérieur de l'agriculture.

Article 5.

L'article 5 stipule qu'un décret, rendu sur l'avis de la commission supérieure, fixera les moyens de contrôle et de surveillance à exercer sur les caisses régionales.

Sans préjuger l'avis que donnera la commission spéciale, qu'il nous soit permis d'exprimer le souhait que des comités de surveillance soient chargés du contrôle des caisses régionales, qu'ils se composent d'hommes compétents, familiarisés avec la pratique du crédit agricole, choisis de préférence dans la fédération lorsqu'il s'agira de caisses régionales ou de caisses locales fédérées, et qu'à côté de ces comités, les caisses régionales organisent à leur tour l'inspection périodique des caisses affiliées. Ce serait assurer à ces institutions un fonctionnement régulier et entourer leurs opérations de toutes les garanties possibles, tout en atténuant la portée de l'intervention de l'État.

Le second paragraphe ordonne le dépôt des statuts au Ministère de l'Agriculture. C'est dans ces statuts que trouveront leur place naturelle les règles utiles qui ne pouvaient faire l'objet de dispositions législatives.

La Chambre a eu raison de supprimer l'intervention du Conseil d'État dans la rédaction des statuts.

Mais s'il nous paraît illogique d'astreindre toutes les caisses régionales à avoir des statuts identiques, et s'il nous semble préférable de leur laisser une certaine latitude pour qu'elles puissent adopter des dispositions conformes aux conditions de leurs milieux respectifs, il nous paraît indispensable que les statuts observent les principes généraux nécessaires qui doivent être communs à toutes les caisses régionales sans exceptions et auront pour résultat de prevenir tout appel à la garantie de l'État.

C'est ce que fait l'article 5 en prescrivant que les statuts seront déposés au Ministère de l'Agriculture. Le Ministre ne devra leur donner son approbation qu'après s'être assuré qu'ils sont conformes aux dispositions essentielles de la loi actuellement soumise aux délibérations du Sénat, et qu'ils déterminent la composition du capital social, la proportion dans laquelle chaque sociétaire pourra contribuer à sa constitution, ainsi que les conditions de retrait s'il y a lieu, le nombre des parts dont les deux tiers au moins seront réservés de préférence aux sociétés locales, l'intérêt à allouer aux parts, lequel ne pourra dépasser 5 0/0 du capital versé, le maximum des dépôts à recevoir en comptes courants et le maximum des bons à émettre, lesquels réunis ne pourront excéder les trois quarts du montant des effets en portefeuille, les conditions et les règles applicables à la modification des statuts et à la liquidation des sociétés.

Cet article appelle quelques observations :

1° Le projet du Gouvernement instituait les sociétés locales membres de droit des caisses régionales.

La Chambre a eu raison, selon nous, en stipulant que les sociétés locales ne seraient pas membres de droit des caisses régionales, mais que les deux tiers au moins des parts leur seraient réservés. Libre à elles de souscrire ou de s'abstenir. Mais, avec ce système, on évitera l'inconvénient de voir des sociétés, demeurées étrangères à toute souscription de parts, admises à intervenir dans les délibérations d'une association à la bonne gestion de laquelle elles n'ont aucun intérêt.

2° Quels seront les types de société qui pourront s'affilier à la caisse régionale ? D'après le projet de loi, cette faculté sera réservée aux seules associations fondées d'après la loi de 1894.

C'est là peut-être une formule regrettable. Sans doute les caisses régionales pourront embrasser dans leur action les caisses à garantie solidaire et les caisses avec parts et responsabilité restreinte ; mais ce ne sera qu'à la condition qu'elles se conforment au type prévu par la loi de 1894. Or cette loi, déjà bonne telle qu'elle est, appelle cependant, à notre avis, certaines améliorations, si l'on veut amener les caisses rurales à remanier leurs statuts.

Il y a notamment, à notre avis, une modification à apporter à l'article 6 de la loi de 1894, si on veut arriver à l'unité de type. Elle consiste à spécifier dans quel cas une sanction correctionnelle peut intervenir pour violation des statuts ou des dispositions de la loi de 1894. Combien de sociétés, en effet, reculeront devant l'adoption de ce type si elles encourent les pénalités graves de l'article 6 de cette loi pour une simple violation des statuts, comme par exemple la négligence dans une caisse rurale de la vérification mensuelle, ou l'inobservation des prescriptions relatives à la tenue des livres, négligences pour lesquelles il semble suffisant de s'en rapporter au droit commun en matière commerciale.

Nous pensons donc que sur ce point il conviendra, dans un avenir prochain, de modifier l'article 6 de la loi du 5 novembre 1894 qui selon nous, pourrait être rédigé de la façon suivante :

« Les membres chargés de l'administration de la société seront personnellement responsables, en cas de violation de la loi ou des statuts, du préjudice résultant de cette violation.

« Ils seront punis d'une amende de 16 à 200 francs s'ils font pour le compte de la société des opérations interdites par la présente loi, ou s'ils n'effectuent pas au greffe le dépôt annuel prescrit par les deux derniers paragraphes de l'article 5.

« La même peine pourra être prononcée contre les fondateurs de la société et la société être dissoute par le tribunal à la diligence du procureur de la République si la société émet des actions, si elle commence ses opérations avant le versement du quart du capital souscrit ou avant l'accomplissement des formalités de publicité prescrites par l'article 5, ou si ses statuts attribuent aux associés un dividende en outre de l'intérêt servi aux parts sociales.

« Au cas de fausse déclaration relative aux statuts ou aux noms et qualités des administrateurs, des directeurs ou des secrétaires, l'amende pourra être portée à 500 francs ».

Ce changement de texte, s'il était adopté, serait immédiatement suivi, nous en sommes convaincu, de la transformation d'un très grand nombre de caisses rurales et de la fondation de beaucoup d'autres.

3° Les statuts des banques régionales devront fixer le maximum des dépôts à recevoir en compte courant et le maximum des bons à émettre, lesquels réunis ne pourront excéder les trois quarts du montant des effets en portefeuille.

La faculté de recevoir des dépôts en compte courant assurera aux caisses régionales d'utiles ressources. Ces dépôts constituent, en réalité, des emprunts réalisables sous une forme spéciale. Eh bien ! il y a, selon nous, une mesure de prudence excessive à limiter ainsi le total des comptes courants et des bons aux trois quarts des effets en portefeuille. En effet, le montant du portefeuille est essentiellement variable et, dans la pratique, l'accomplissement de cette prescription ne se fera pas sans présenter de réelles difficultés. De plus, cette limitation pourra être une gêne sérieuse dans le fonctionnement de certaines caisses régionales. Peut-être aurait-il mieux valu laisser à l'assemblée générale annuelle le soin de fixer cette limite d'après l'importance des opérations et les besoins probables des caisses adhérentes.

Les bons que les caisses régionales seront autorisées à émettre dans les limites ci-dessus constitueront aussi un précieux instrument de crédit. Ils seront, comme le dit l'exposé des motifs du projet du Gouvernement, à égale distance du billet de banque, qui est remboursable à vue, parce qu'il est adossé soit à du numéraire, soit à des valeurs réalisables à brève échéance, et de l'obligation foncière, qui est remboursable à long terme parce qu'elle est adossée à des opérations comportant une longue durée. C'est pour cette raison qu'il serait désirable qu'ils ne fussent créés que pour une durée de deux ans au plus ; ils auraient pour contre-partie les opérations d'escompte et d'avances sur produits agricoles dont la durée ne sera pas elle-même supérieure à quinze mois. Le payement du bon de caisse sera donc toujours assuré par le recouvrement d'effets d'une durée moindre ; et le gage sera certain puisque les statuts devront stipuler, qu'à elles deux, les ressources du compte courant et des bons ne devront pas dépasser les trois quarts du montant des effets en portefeuille.

Le bon sera ainsi une obligation à moyen terme, analogue aux bons du Trésor, et constituera une valeur de tout repos, en même temps qu'un placement utile aux fonds personnels des caisses d'épargne, et peut-être un jour, si nos vœux et ceux des congrès des banques populaires et agricoles se réalisent, au libre emploi réglementé des dépôts des caisses d'épargne, comme cela s'est pratiqué si heureusement en Allemagne et en Italie.

L'émission des bons, même limitée aux deux tiers des effets en portefeuille, aura l'avantage de permettre de parer suffisamment aux mécomptes soit d'effets impayés, soit de demandes imprévues de remboursements.

Aussi vous demandons-nous d'adopter sans changement l'article 5.

Article 6.

L'obligation pour les caisses régionales de se conformer aux dispositions de la loi du 5 novembre 1894 les soumet aux règles de publicité édictées par l'article 5 de cette loi.

Enfin, pour permettre le contrôle du Parlement, l'*Officiel* publiera chaque année le compte-rendu des opérations faites en exécution de la loi, adressé par le ministre de l'Agriculture au Président de la République.

Telle est l'économie du projet de loi que nous proposons à l'adoption du Sénat.

Malgré les critiques que nous avons faites de certaines de ses dispositions, critiques qui portent sur des questions de détail, qu'il sera facile d'amender plus tard, si l'expérience en démontre la nécessité, il a l'avantage de n'entraîner l'État qu'à une intervention qui sera simplement celle d'un intermédiaire donnant sa caution et usant légitimement de son droit de contrôle, sans s'immiscer dans l'administration proprement dite des caisses régionales, de lui permettre de faciliter la création et le fonctionnement de ces banques au moyen de la redevance annuelle de 2 millions que la Banque lui verse et des 40 millions qu'elle lui prête jusqu'en 1913 ; de stimuler et de féconder ainsi l'initiative privée, en faisant appel à la puissante organisation des syndicats agricoles et en mettant à profit l'association mutuelle.

Nous avons grande confiance qu'il est appelé à rendre de très réels services, à compléter heureusement la législation de 1894, à faire bénéficier un nombre considérable d'agriculteurs des avantages de la loi du 8 juillet 1898 sur les warrants agricoles, à être enfin le point de départ d'une évolution sérieuse de la coopération de crédit et des associations syndicales.

Et c'est pourquoi nous espérons que le Sénat aura à cœur d'adopter intégralement le texte voté par la Chambre des Députés. En permettant à l'agriculture française de bénéficier le plus tôt possible des avances et de la redevance annuelle consenties à son profit par la Banque de France, à l'occasion du renouvellement de son privilège, il contribuera à la réalisation d'une œuvre sérieuse, utile, vraiment nationale, car, ainsi que le disait si éloquemment M. Méline à la tribune de la Chambre des Députés dans sa séance du 16 juin 1892:

« Organiser le crédit agricole, c'est porter la production du sol français à son maximum de puissance; c'est faire sortir du sol de notre pays les milliards qui y sont enfouis; c'est donner de la confiance à nos campagnes, arrêter cette émigration des populations rurales vers les villes qui fait une concurrence si redoutable à nos ouvriers; c'est mettre à la disposition des consommateurs une masse énorme de produits dont le bon marché ira toujours croissant; c'est assurer à notre budget, par le développement de la richesse publique, les ressources certaines de plus-values assurées; c'est rendre, enfin, un immense service au marché des capitaux si souvent en désarroi, en les reportant vers leur véritable destination qui est de féconder le travail; c'est arracher du gouffre de la spéculation l'épargne des travailleurs pour l'employer à leur profit. »

Le Sénat, en aidant à la solution de ce problème, aura bien mérité de la démocratie agricole et du Pays.

<h2 style="text-align:center">ANNEXE D.</h2>

Texte de la déclaration faite par M. Gouin, sénateur, président de la commission chargée d'examiner le projet de loi adopté par la Chambre des Députés, ayant pour but l'institution des caisses régionales et les encouragements à leur donner ainsi qu'aux sociétés et aux banques locales de crédit agricole mutuel.

M. Gouin, *président de la commission*. — Messieurs, je demande au Sénat de vouloir bien me permettre de clore l'incident qui a terminé la séance d'hier. Sur ma proposition, on a renvoyé à la commission l'amendement qui avait été présenté par l'honorable M. Le Cour Grandmaison à cause des divergences d'opinion qui s'étaient manifestées sur l'interprétation qu'on devait donner au paragraphe 1er de l'art. 2. La commission s'est réunie aujourd'hui ; elle a entendu M. le ministre de l'Agriculture, ainsi que l'auteur de l'amendement, et, après une discussion approfondie, nous nous sommes tous mis d'accord sur ce point que la rédaction du 1er paragraphe de l'art. 2 devait être maintenue, étant bien entendu que par ces mots « les sociétés locales de crédit agricole mutuel de leur circonscription » on devait comprendre, non seulement les sociétés de crédit agricole mutuel qui ont été fondées sous l'empire de la loi de 1894, mais également celles qui avaient été établies sous l'empire de la loi de 1867.

(Du Journal Officiel. -- Séance du 17 mars 1899 ; p. 306).

<h2 style="text-align:center">ANNEXE E.</h2>

Résolutions votées par les dix congrès du crédit populaire et agricole.

Congrès de Marseille du 2 au 5 mai 1889.

(page 128, du volume des Actes).

Le Congrès,

Sans se prononcer sur l'utilité d'une institution centrale de crédit agricole,

Émet le vœu :

1º Que des solutions pratiques du problème du crédit agricole soient enfin

— 138 —

abordées en France par l'initiative privée, soit par la formation d'*associations coopératives rurales de crédit* d'après les types du crédit mutuel de Poligny (Jura), des
banques Raiffeisen, des caisses Wollemborg ou autres, *et de préférence latéralement
aux syndicats agricoles déjà existants* (1); soit, conformément au projet de loi sur les
caisses d'épargne, en faveur duquel le Congrès a déjà émis un vœu, *par la liberté de
placement des caisses d'épargne*, dont le crédit populaire rural bénéficierait directement ou par l'intermédiaire de comptoirs agricoles comme en Belgique.

Congrès de Menton du 14 au 17 avril 1890.
(page 122 du volume des Actes 1re édition). 2)

Le Congrès,

Se prononce avec énergie contre toute organisation de crédit agricole en France
par une institution centrale ;

Émet l'avis que les moyens d'organiser pratiquement en France le crédit agricole
doivent être recherchés dans les solutions d'initiative libre et locale, savoir : 1° la
création de succursales, agences ou comptoirs de banques populaires urbaines déjà
existantes, dans les localités agricoles de leur département ou de leur région ; 2° la
constitution, dans les centres d'activité agricole, *et de préférence latéralement aux
syndicats agricoles déjà existants*, de coopératives locales de crédit mises en rapport
avec les banques populaires urbaines ; recommandant aux institutions visées par ces
deux précédents paragraphes d'établir des comités de surveillance chargés de contrôler
l'usage que les emprunteurs feront des avances, et d'échelonner les avances selon les
besoins : 3° le concours des caisses d'épargne

Le Congrès émet les vœux suivants:

Réforme de la législation organique des caisses d'épargne dans le sens de la cessa-
tion de l'adduction totale des fonds dans la Dette d'État, et d'une liberté d'emploi
soit complète, soit partielle, facultative et réglée, impliquant la possibilité de consacrer une certaine quotité des fonds au crédit agricole par l'intermédiaire des institutions spéciales ;

Diffusion parmi les populations agricoles des notions scientifiques pour que les
cultivateurs fassent un bon usage du crédit ;

Adoption par le législateur d'un ensemble de mesures adjuvantes en vue de faciliter les efforts locaux, notamment par l'allègement des charges fiscales.

Congrès de Bourges du 6 au 9 avril 1891.
(page 163 du volume des Actes).

1° Il n'y a lieu de faire intervenir, ni la garantie, ni la direction, ni la surveillance
de l'État dans la création d'établissements de crédit rural.

2° Le Congrès, renouvelant ses vœux antérieurs, se prononce contre toute institution centrale de crédit agricole.

Congrès de Lyon du 4 au 7 mai 1892.
(page 226 du volume des Actes).

Le Congrès remercie la commission du projet de loi sur le crédit agricole et populaire d'avoir affirmé l'utilité du crédit rural, placé l'essentiel de la solution dans un
appel aux forces de l'association locale libre, obtenu une certaine aide de l'institution
nationale et privilégiée de crédit.

Il rappelle la série d'avis et de vœux qu'il a émis dans ses sessions antérieures.

Il accepte le projet de loi sous réserve d'amendements qui répondraient aux vues
ci-après :

---

(1) Ainsi la formule *exacte et complète*, entrevue après tant de tâtonnements plus tard, était dès
1889 donnée par le premier de nos congrès.

(2) p. 137 de la 2e édition.

La transformation des syndicats en instrument de crédit, transformation contraire au rôle légitime des syndicats, groupements d'études, de défense, de secours, sans actions ni solidarité, étant facultative, le Congrès se borne à la signaler comme une erreur qui pourrait faire dévier le mouvement du crédit agricole.

Il est préférable, d'après l'expérience et le développement pratique du crédit rural dans les pays où il a été réalisé, de confier la fonction de crédit à des associations coopératives locales spéciales, à capital variable, soit à des banques mutuelles agricoles, soit à des succursales ou comptoirs de banques populaires urbaines (sauf à ces annexes, après affermissement, à s'élever à l'autonomie), soit à des caisses rurales à responsabilité illimitée.

Il est désirable que ces associations soient constituées *à côté des syndicats agricoles*, en tirent leur force, s'appuient sur leur personnel, soient *non point formées dans les syndicats*, mais *créées par les syndicats*, à la *condition qu'elles en demeurent distinctes et soient ouvertes et autonomes*.

Par suite, il importera de distinguer partout dans la loi les syndicats et les sociétés créées par les syndicats.

Les solutions qui précèdent concordent avec celles du projet de loi déposé au Sénat sur les associations coopératives, et du projet de loi déposé à la Chambre sur les caisses d'épargne. Il importe que les trois lois soient coordonnées.

Bien qu'il faille repousser l'organisation du crédit agricole par une institution centrale, il sera utile, lorsqu'il existera un nombre suffisant de coopératives locales, qu'une caisse centrale naisse, comme en Allemagne, pour utiliser les excédents des associations locales et leur faciliter l'escompte.

Congrès de Toulouse du 5 au 8 avril 1893.

(page 78 du volume des Actes).

Le Congrès, après avoir examiné les projets de loi qui intéressent le crédit populaire urbain et agricole, se réfère aux résolutions et aux vœux des congrès antérieurs, et spécialement de celui de Lyon, qu'il renouvelle et confirme avec énergie, en réitérant le vœu qu'une concordance soit établie entre les projets de lois.

(page 138 du volume des Actes).

Une banque centrale de crédit populaire urbain et agricole ne doit pas précéder la formation de coopératives de crédit, mais être la suite de leur développement; l'intervention directe de l'État, soit par des avances ou prêts, soit par la souscription d'une partie du capital, soit par des garanties d'intérêt, dans une institution centrale de crédit populaire urbain ou rural, doit être repoussée.

Congrès de Bordeaux du 30 avril au 1 mai 1894.

(page 210 du volume des Actes).

Le Congrès,

Réitère ses protestations antérieures et constantes contre la constitution de toute banque centrale de crédit populaire urbain ou agricole par l'intervention de l'État, notamment au moyen d'une garantie d'intérêt ;

Adjure le Parlement d'écarter le projet de loi préparé en ce sens ;

Dit qu'une banque centrale de crédit populaire pourra être la résultante naturelle d'un réseau de sociétés coopératives de crédit qui devront en être les fondatrices spontanées, sans faire aucun appel au concours financier de l'État.

Congrès de Nimes du 12 au 16 mai 1895.

(page 54 du volume des Actes).

Le Congrès, signalant l'exemple donné par la Fédération générale des associations coopératives agricoles de l'Empire allemand, émet le vœu que les syndicats agricoles s'inspirent pour la fondation de sociétés de crédit des principes, qu'il a toujours affirmés, et qui sont d'ailleurs d'accord avec les résolutions du 1er Congrès national des syndicats agricoles : savoir la nécessité de laisser le choix aux groupes locaux, suivant les besoins et les circonstances locales, entre les deux grandes formes d'institutions de crédit populaire, les coopératives à solidarité et celles à responsabilité limitée, ces deux formes comportant d'ailleurs des variantes.

(page 212 du volume des Actes).

Le Congrès, considérant les syndicats agricoles comme le levier principal de création des sociétés de crédit rural, l'instrument de sélection des membres de ces sociétés, l'organe de contrôle de l'emploi professionnel du crédit,

Émet le vœu que les syndicats agricoles se fassent partout les promoteurs de sociétés de crédit, et que des syndicats agricoles se créent partout où l'on établit des sociétés de crédit, considérant même comme préférable que la constitution du syndicat précède celle de la société de crédit.

Congrès de Caen du 12 au 16 mai 1896.

(page 465 du volume des Actes).

Le Congrès,

Maintenant ses réserves antérieures sur divers points de la loi du 5 novembre 1894, et émettant les vœux que ces points, notamment le caractère commercial obligatoire de la société créée par cette loi, soient modifiés :

Rappelant d'ailleurs que, d'après le texte même de l'article 1, cette loi laisse la liberté d'user du titre III de la loi du 24 juillet 1867 ;

Renouvelle néanmoins l'avis qu'il est possible d'utiliser la loi du 5 novembre 1894, et considère le type de société qu'elle a créé comme l'une des formes que peut revêtir l'association pour réaliser le crédit agricole avec le puissant concours des syndicats agricoles.

Congrès de Lille du 4 au 7 avril 1897.

(page 297 du volume des Actes).

Le Congrès,

Constate une fois de plus,

D'après l'expérience déjà longue du concours prêté au crédit populaire par les caisses d'épargne austro-hongroises, et sous l'impulsion même de l'État, par des modes nombreux et variés, soit exercice du libre emploi décentralisé et réglé, soit création sur les bonis de branches annexes d'avances de crédit personnel à bon marché,

La nécessité de la liberté et de la décentralisation de l'épargne pour le développement du crédit populaire et agricole, la légitimité et l'utilité du concours des caisses d'épargne à ce développement.

Congrès d'Angoulême du 3 au 9 novembre 1898 (1).

(Page 274 du volume des Actes)

« Le Congrès,

« Tout en affirmant ses préférences pour les associations coopératives de crédit

---

(1) Cette résolution a été confirmée par le 1er Congrès des syndicats agricoles des Alpes et de Provence tenu aux Arcs le 20 novembre 1898 et par la IIIe Session du Groupe départemental des sociétés de crédit populaire et agricole des Alpes-Maritimes tenue à Menton le 18 décembre 1899.

s'alimentant par elles-mêmes au moyen de l'épargne locale, soit directement, soit par l'intermédiaire des banques populaires et des caisses d'épargne à libre emploi décentralisé ;

Estime que l'aide de l'État à des caisses régionales fondées par l'initiative privée, ayant pour but de faire bénéficier l'agriculture de la nouvelle avance accordée et de la redevance annuelle à verser par la Banque de France, n'est pas à repousser en l'état actuel du régime de l'épargne et des difficultés d'acclimatation de la coopération de crédit, à la condition toutefois que les caisses régionales n'en usent que modérément et avec le dessein d'arriver graduellement à se suffire par elles-mêmes.

« Il émet le vœu :

« *A*. Que l'ensemble du projet de loi s'harmonise avec l'organisation actuelle des syndicats agricoles et avec les résultats déjà obtenus ;

« *B*. Que l'État prélève un intérêt inférieur de 1 % aux taux d'escompte de la Banque de France sur les avances à accorder aux caisses régionales, et que le produit en soit affecté à la constitution d'un fonds spécial de réserve destiné à parer aux pertes éventuelles ;

« *C*. Qu'une définition plus précise soit donnée de l'objet des caisses régionales qui est triple : avances aux caisses locales et réescompte de leur portefeuille ; réception de leurs excédents de caisse ; aide à la diffusion des institutions de crédit agricole ;

« *D*. Que toutes les sociétés coopératives de crédit agricole fondées, soit sous le régime de la loi de 1867, soit sous le régime de celle de 1894, puissent faire partie des caisses régionales, et que le projet de loi indique clairement si le public peut souscrire des parts, ou si la souscription est limitée aux membres des syndicats ;

« *E*. Que le montant des avances à faire par l'État aux caisses régionales puisse s'élever jusqu'à concurrence du capital versé augmenté du capital de garantie et des réserves, et que la répartition des avances soit faite par le ministère de l'Agriculture, après avis des comités régionaux prévus aux § I, et sur avis de la commission spéciale instituée par la loi ;

« *F*. Que la durée maxima des avances soit réduite à deux ans, et subsidiairement pour le cas où le délai de cinq ans serait maintenu, qu'elles soient remboursées par un amortissement annuel ;

« *G*. Que des représentants des unions régionales de syndicats agricoles et des fédérations de sociétés de crédit populaire soient appelés à faire partie de la commission de répartition ;

« *H*. Que la fixation du maximum des dépôts à recevoir et des bons à émettre ne soit pas réservée aux statuts, mais laissée à l'appréciation de l'assemblée générale annuelle, et que la loi ne fixe aucune limitation sur ce point ;

« *I*. Que la surveillance des caisses régionales soit confiée à des comités établis dans chaque région, composés de personnes expérimentées en la matière, et que les caisses faisant partie d'une fédération soient, comme en Allemagne, exonérées du contrôle officiel, à la condition de se soumettre au contrôle de la fédération à laquelle elles appartiennent, et d'en justifier périodiquement ;

« *J*. Que l'article 6 de la loi du 5 novembre 1894 soit modifié dans le sens d'une atténuation de la responsabilité des administrateurs, en ce qui concerne la violation involontaire des dispositions statutaires ne résultant pas obligatoirement de la loi ;

« *K*. Que les parts sociales soient affectées à la garantie des engagements des caisses adhérentes, et ne puissent être transférées qu'après paiement des avances obtenues par ces dernières ;

« *L*. Que les caisses régionales aient qualité, sans mandat spécial, pour intervenir au nom des caisses locales à l'effet d'effectuer les dépôts prescrits par l'article 5 de la loi du 5 novembre 1894.

« Le Congrès réitère avec énergie les vœux des congrès antérieurs sur la nécessité de modifier la législation des caisses d'épargne dans le sens du libre emploi facultatif et réglementé d'une partie des dépôts, notamment pour venir en aide aux sociétés coopératives de crédit populaire et agricole ».

ANNEXE F.

Résolutions des congrès des syndicats agricoles tenus à Angers en 1895 et à Orléans en 1897.

Congrès d'Angers. Séance du 22 mai 1895.
(Volume des actes, p. 112).

Le congrès, s'inspirant des principes proclamés par le congrès de Lyon et s'y référant, estime que la plus grande liberté doit être laissée aux groupes locaux pour choisir, de leur propre initiative et sous leur responsabilité, entre les deux grands types du crédit populaire rural, à savoir : 1° les caisses de crédit mutuel à responsabilité plus ou moins étendue ; 2° les sociétés coopératives à capital variable, ces deux types comportant l'un et l'autre des sous-variétés :

Il considère que la loi du 5 novembre 1894 peut également rendre des services aux syndicats agricoles désireux de créer des associations mutuelles de crédit ; mais, en présence des entraves que présentent certaines dispositions de cette loi, il émet le vœu qu'elle soit modifiée dans le sens de la liberté d'association et, notamment, que soit supprimée l'obligation inscrite dans le § 4 de l'art. 5 des formalités annuelles de publicité et de dépôt, et que la responsabilité correctionnelle édictée contre les administrateurs soit remplacée par la responsabilité civile de droit commun. En tout état de cause et quel que soit le type adopté, sont *seules recommandables par le congrès les associations mutuelles de crédit, caisses de sociétés coopératives émanant ou appuyées d'un syndicat agricole.*

Congrès d'Orléans. Séance du 5 mai 1897.
(Volume des actes, p. 132).

Le Congrès,

Constatant la communauté de vues et le parallélisme d'action entre les congrès du crédit populaire et agricole et ceux des syndicats agricoles,

Est d'avis que l'organisation du crédit agricole doit se réaliser, *de concert avec les syndicats, par des associations de formes variées suivant les tendances et les conditions locales.*

ANNEXE G.

Instruction de la Direction générale de l'Enregistrement sur les dépôts du greffe

(5 octobre 1895).

« L'article 5 de la loi du 5 novembre 1894, dont le texte a été transmis au service par l'instruction n° 2874, modifie, en faveur des sociétés de crédit agricole, les conditions de publicité prescrites par les articles 55 et suivants de la loi du 24 juillet 1867 pour les sociétés commerciales ordinaires.

« Il dispose que les sociétés de crédit agricole seront tenues seulement de déposer en double exemplaire, au greffe de la justice de paix du canton où elles auront leur siège principal : 1° avant toute opération, leurs statuts, avec la liste complète de leurs membres ; — 2° chaque année, dans la première quinzaine de février, la liste de leurs membres à cette époque, ainsi qu'un tableau sommaire des recettes, des dépenses et des opérations effectuées pendant l'année précédente ; — que l'un des exemplaires des pièces ainsi déposées sera remis par les soins du juge de paix, au greffe du tribunal de commerce de l'arrondissement ; enfin, qu'il sera donné récépissé du dépôt fait, au greffe de la justice de paix, des statuts de la société.

« Ces prescriptions nouvelles ont soulevé plusieurs questions dont la solution intéresse le service de l'enregistrement et du timbre : on s'est demandé si, dans le cas prévu par la loi de 1894, les greffiers doivent, conformément au principe général établi par l'article 43 de la loi du 22 frimaire an XII, dresser acte des dépôts qui leur sont faits, si les récépissés par eux délivrés constituent des actes de greffe sujets à l'enregistrement dans un délai déterminé, et si les actes et les documents déposés doivent être sur papier timbré :

« Les ministres des finances et de la justice ont, le 27 juillet et le 19 août 1895, sur la proposition conforme de l'administration, résolu ces difficultés dans le sens ci-après:

« 1º Il a été admis, en premier lieu, que les greffiers des justices de paix et des tribunaux de commerce peuvent, sans en dresser acte, recevoir indistinctement tous les dépôts prescrits par l'article 5 de la loi du 5 novembre 1894.

« En ce qui concerne le dépôt des statuts aux greffes des justices de paix, on a considéré qu'il doit, selon les termes exprès de la loi, en être donné récépissé, et que cette prescription est exclusive de l'obligation de dresser acte, ainsi qu'une décision ministérielle l'a déjà reconnu pour le cas analogue où il s'agit du dépôt de leurs titres fait, contre récépissé, au greffe du tribunal de commerce par les créanciers d'un failli *(Inst. nº 420, § 2)*.

« Pour les dépôts périodiques à effectuer par les sociétés au greffe de la justice de paix, la loi de 1894 n'a pas, il est vrai, prévu formellement la délivrance d'un récépissé; mais il est évident que, l'omission étant purement accidentelle, ils pourront être constatés de cette façon, et il s'ensuit que, pour cette catégorie de dépôts comme pour la première, le greffier n'est pas tenu de dresser acte.

« Quant au dépôt qui devra être fait au greffe du tribunal de commerce, non par les sociétés elles-mêmes, mais par le juge de paix, il revêt le caractère d'une mesure administrative et d'ordre public, ce qui suffit à écarter l'application de l'article 43 de la loi de frimaire.

« 2º Les récépissés que les greffiers des justices de paix ont à délivrer aux sociétés pour les dépôts annuels aussi bien que pour le dépôt des statuts sont assimilables à ceux qui sont remis aux créanciers par les greffiers des tribunaux de commerce en matière de faillite et, pas plus que ceux-ci, ils ne constituent des actes de greffe, à proprement parler. Ils ne sont donc pas sujets à la formalité de l'enregistrement dans un délai déterminé.

« Mais, délivrés par les greffiers, en qualité d'officiers ministériels, ils ne sauraient être considérés comme de simples écritures privées, passibles du droit de timbre de 0 fr. 10 établi par l'article 18 de la loi du 23 août 1871, ils sont soumis au timbre de dimension, en conformité de l'article 12 de la loi du 13 brumaire an VII.

« 3º Lorsque le législateur de 1894 a prescrit aux sociétés de crédit agricole de déposer au greffe de la justice de paix, « en double exemplaire », leurs statuts, la liste de leurs membres, etc., il n'a point entendu parler d'actes réguliers. Si telle eût été son intention, il n'aurait pas manqué de reproduire les expressions contenues dans l'article 55 de la loi du 24 juillet 1867, qui prescrit aux sociétés ordinaires de déposer soit « un double de l'acte constitutif », s'il est sous seing privé, soit « une expédition » s'il est notarié.

« On doit, dès lors, admettre que les *exemplaires*, présentés sous forme d'imprimés ou de simples copies signées ou non signées par les représentants de la société, sont affranchis du timbre. Toutefois, il en serait différemment, et les documents déposés seraient soumis à cet impôt, s'ils étaient établis en forme d'actes réguliers, tels que des expéditions délivrées par des notaires, ces expéditions ne pouvant être considérées comme de simples *exemplaires* sans caractère juridique.

« En résumé, les solutions arrêtées entre les départements de la justice et des finances sont les suivantes :

« Les greffiers des justices de paix et des tribunaux de commerce sont, d'une manière générale et absolue dispensés de dresser acte des dépôts qui leur sont faits en exécution de l'article 5 de la loi du 5 novembre 1894.

« Les récépissés que les greffiers des justices de paix délivrent dans tous les cas, lors de ces dépôts, ne sont pas sujets à enregistrement dans un délai déterminé, mais ils doivent être rédigés sur papier frappé du timbre de dimension.

« Enfin les pièces à déposer sont exemptes du timbre, à moins qu'elles ne soient établies sous la forme d'actes réguliers.

G. Liotard-Vogt,
Conseiller d'État,
Directeur général de l'enregistrement, des
domaines et du timbre.

ANNEXE H.

Circulaire du Centre Fédératif aux syndicats agricoles.

Monsieur le Président et Messieurs les Administrateurs,

Dans sa séance du 5 mai 1897 le IIIᵉ Congrès national des Syndicats agricoles, à la suite d'un rapport que notre président a eu l'honneur de lui présenter sur le crédit agricole, a adopté les conclusions de ce rapport comme suit :

Le Congrès,

Constatant la communauté de vues et le parallélisme d'action entre les Congrès du crédit populaire et agricole et ceux des syndicats agricoles,

Est d'avis que l'organisation du crédit agricole doit se réaliser, *de concert avec les syndicats, par des associations de formes variées suivant les tendances et les conditions locales.*

En conformité de ce vote, et en vue de répondre au but que le Congrès s'est ainsi proposé, nous nous faisons un devoir de nous mettre à votre disposition pour vous aider, s'il vous convient, à créer à côté de votre Syndicat une *caisse de crédit agricole dans la forme que vous jugerez la mieux adaptée à votre région.* Pour vous faciliter le choix de cette forme, nous vous offrons de vous envoyer, sur votre simple demande, et *gratuitement,* notre *Manuel des associations de crédit agricole,* où vous trouverez décrits les divers types d'associations, avec les statuts relatifs à chacun de ces types; nous demeurons d'ailleurs à votre disposition si vous désiriez nous consulter sur ce point.

Nous prenons la liberté de vous signaler que la loi du 5 novembre 1894, dite loi Méline, élaborée dans le but de faciliter aux syndicats l'organisation du crédit agricole, peut être utilisée avec avantage à raison de la simplicité, de la sûreté et des réductions fiscales assurées aux formes qu'elle crée.

Une fois votre préférence fixée, il vous suffira de nous l'indiquer, et contre votre adhésion au Centre fédératif, adhésion qui ne comporte aucune cotisation, ni aucun engagement, nous serons prêts à vous envoyer :

1° *à titre gratuit,* des exemplaires imprimés des statuts du type de société que vous aurez adopté, et des exemplaires de règlement intérieur ;

2° sitôt la société constituée, et à titre de concours, soit *à titre gratuit,* les livres de comptabilité et imprimés nécessaires, soit s. vous le préférez, suivant les circonstances et l'état de nos ressources, une petite contribution initiale aux frais de constitution ;

3° *à titre gratuit,* le *Bulletin du crédit populaire,* paraissant une fois par mois.

Convaincus que l'œuvre si utile et si grande des syndicats agricoles a un pressant intérêt à se compléter par celle du crédit *et à se coordonner avec elle,* nous serons heureux de vous donner en ce sens un actif concours, et nous espérons que vous apprécierez les sacrifices que nous nous imposons pour le faire, dans la pensée la plus désintéressée de dévouement au but commun.

Veuillez agréer, Messieurs, les assurances de notre considération et de nos meilleurs sentiments.

ANNEXE I.

Circulaire du ministre de l'Agriculture aux préfets sur l'interprétation de la loi du 31 mars 1899.

Paris, 31 août 1899.

« La loi du 31 mars 1899 étant entrée aujourd'hui dans la période d'application, je crois nécessaire de vous donner quelques indications qui pourront êtres utiles aux fondateurs de caisses régionales. En ce qui concerne les souscripteurs de parts des caisses régionales, conformément aux déclarations faites à la tribune du Sénat par le gouvernement et par le président de la commission sénatoriale chargée du rapport, toute société, qu'elle soit régie par la loi de 1867 ou par la loi de 1894, peut coopérer à la constitution d'une caisse régionale de crédit agricole mutuel ; la seule condition imposée est qu'elle soit mutuelle et exclusivement agricole.

Les statuts des caisses régionales agricoles détermineront le périmètre sur lequel elles étendront leur action, et cela sans avoir à tenir compte des périmètres désignés par les fondateurs d'autres caisses de même nature. Les sociétés locales de crédit mutuel agricole étant libres, d'autre part, de s'affilier à la caisse de leur région, qui leur conviendra le mieux, c'est à la commission chargée de la répartition des avances qu'il appartiendra d'examiner les statuts des caisses qui auront recours à l'État pour la constitution de leur capital et de décider s'il y a lieu d'autoriser le chevauchement et dans quelle mesure.

Je vous recommande, monsieur le préfet, de faire connaître aux intéressés que la commission de répartition entend laisser aux fondateurs des caisses régionales de crédit agricole mutuel la plus grande latitude pour l'organisation de ces caisses qui, ayant à répondre à des besoins différents, à tenir compte de situations locales spéciales ne peuvent être enserrées dans les cadres de statuts types uniformes.

Les caisses régionales ayant pour but de faciliter les opérations concernant l'industrie agricole effectuées par les membres des sociétés locales, en escomptant dans des conditions particulières de bon marché, les effets souscrits par leurs membres et endossés par ces sociétés, je ne saurais trop vous recommander d'encourager, par tous les moyens dont vous disposez, la création et le développement de ces caisses locales ; celles-ci sont, en effet, la base du crédit agricole, les caisses régionales n'en sont que le complément, elles ne peuvent fonctionner qu'autant qu'elles grouperont un certain nombre de caisses rurales qui, elles, sont en rapport direct avec les cultivateurs ; sans ces dernières, les caisses régionales ne pourraient rendre aucun service, puisque la loi ne les autorise qu'à escompter le papier des caisses locales et à leur faire des avances pour la constitution de leurs fonds de roulement.

C'est là un point sur lequel je ne saurais trop insister, et vous aurez à appeler sur les considérations qui précèdent, l'attention des fondateurs des caisses régionales.

Recevez, etc. — *Le ministre de l'Agriculture*, DUPUY. »

ANNEXE I. — MODÈLE DE SITUATION MENSUELLE

CAISSE AGRICOLE COOPÉRATIVE

de ....

Situation à la fin *19*

ACTIF			PASSIF		
	Fr.	C.		Fr.	C.
Prêts accordés.........			*Emprunts contractés*......		
Caisse			*Dépôts d'épargne*..........		
Banque populaire......			*Dépôts à échéance*........		
Intérèts payés sur em-			*Intérêts perçus sur prêts*		
prunts contractés ..			*accordés*		
			Réescompte de l'exercice		
			antérieur [1]		
			Total du passif . Fr.		
			Réserve		
Fr.			Fr.		

(1) Le chiffre du réescompte s'obtient en faisant la soustraction des intérêts non échus sur
emprunts contractés et des intérêts non échus sur
les prêts accordés de l'exercice précédent.

ANNEXE K. — BILAN ANNUEL

CAISSE AGRICOLE COOPÉRATIVE
de......................................

1° BILAN ANNUEL

Arrêté au .... 19......

ACTIF		PASSIF	
Prêts accordés.......Fr...........		*Emprunts contractés*....Fr...........	
Caisse.............. »		*Dépôts d'épargne*....... »	
Banque Populaire (1). »		*Dépôts à échéance*....... »	
Intérêts non échus sur em-		*Intérêts non échus sur*	
prunts contractés... »		*prêts accordés* ..... »	
		Total du passif.. Fr...........	
		Réserve.......... »	
Fr.		Fr...........	

(1) Ou Caisse régionale, ou Caisse d'épargne suivant les cas; cette même remarque s'applique aussi au modèle de situation mensuelle de la page 146.

2° COMPTE PROFITS ET PERTES

Intérêts perçus........Fr.		*Report*........Fr.	
A déduire :			
Intérêts payés.......... »		Fr.	
Différence .. .Fr.		*A déduire :*	
A ajouter :		*Frais généraux*..Fr...........	
Intérêts non échus sur		*Intérêts alloués*	
emprunts contractés. »		*aux dépôts*..... »	
Intérêts dus par divers.. »		*Intérêts non échus*	
Réescompte de l'exercice		*sur prêts accor-*	
antérieur (1).......... ,		*dés*.. .... »	
A reporter....Fr.		*Bénéfice net*......Fr.	
		Réserve antérieure.. »	
		Réserve totale....Fr.	

(1) Le chiffre du réescompte s'obtient en faisant la soustraction des intérêts non échus sur les emprunts contractés et des intérêts non échus sur les prêts accordés de l'exercice précédent.

3° — RELEVÉ DES PRÊTS ACCORDÉS

N° D'ORDRE	DATES	NOMS ET PRÉNOMS	OBJET DES PRÊTS	NOMS ET PRÉNOMS DES CAUTIONS	SOMMES PRÊTÉES	ÉCHÉANCES	NOMBRE DES RENOUV. ACCORDÉS	ACOMPTES REÇUS	JOURS A COURIR	INTÉRÊTS A COURIR (1
									du 31 décembre à l'échéance de chaque prêt	

(1) Le total de cette colonne donne le montant des intérêts non échus sur le prêts accordés.

4° — RELEVÉ DES EMPRUNTS CONTRACTÉS

N° D'ORDRE	DATES DES EMPRUNTS	PRÊTEURS	TAUX	SOMMES	ÉCHÉANCES	JOURS A COURIR	INTÉRÊTS A COURIR (1)
						du 31 décembre à l'échéance de chaque emprunt	

(1) Le total de cette colonne donne le montant des intérêts non échus sur les emprunts contractés.

5° — RELEVÉ DES DÉPOTS D'ÉPARGNE ET A ÉCHÉANCE

N° D'ORDRE	NOMS ET PRÉNOMS DES DÉPOSANTS	TAUX	SOMMES	ÉCHÉANCE (1)	INTÉRÊTS	CAPITAL ET INTÉRÊTS

(1) Cette colonne n'est utilisable que pour les dépôts à échéance fixe.

6° — DIVERS

N° D'ORDRE	TITRES DES COMPTES	SOLDES		OBSERVATIONS
		DÉBITEURS	CRÉDITEURS	

A............................ . le.............................. 19........

Le Directeur   Le Président

ANNEXE L. — TABLEAUX ANNUELS A DÉPOSER AU GREFFE

LISTE DES MEMBRES

de la Caisse régionale de crédit agricole mutuel de ....
arrêtée le ....

N° D'ORDRE	NOMS ET PRÉNOMS	PROFESSION	DOMICILE	MONTANT DES Souscriptions

TABLEAU SOMMAIRE DES RECETTES ET DÉPENSES

Total de l'entrée en caisse, d'après le journal-caisse, pendant
l'exercice écoulé, y compris le solde en caisse au 31
décembre précédent......... ....Fr. ....
— de la sortie de la caisse.................................... ....» ....

Solde en caisse le 31 décembre... . ...Fr. ....

TABLEAU SOMMAIRE DES OPÉRATIONS EFFECTUÉES
PENDANT L'EXERCICE

Nombre de prêts accordés.............. pour un total de ....Fr. ....
   — renouvelés............. — .... » ....
Nombre d'emprunts contractés......... — .... » ....
   — renouvelés......... — . ..... » ....
Total des dépôts reçus pendant l'exercice.. .. .. » ....
   — remboursés — .... » ....
Solde au 31 décembre, y compris le solde au 31 décembre
précédent.. .... » ....
Intérêts perçus.................................. » ....
Intérêts payés et alloués aux dépôts........................ . » ....
Frais généraux................................... » ....
Bénéfice net.................................. » ....
Réserve .... » ....

TARIF DES LIVRES ET IMPRIMÉS

POUR LES CAISSES RÉGIONALES

L'Imprimerie Coopérative Mentonnaise, rues Prato et Ardoino, Menton (Alpes-Maritimes), se charge aux conditions les plus réduites de la confection des livres et imprimés des caisses régionales de crédit agricole mutuel.
Moyennant 46 fr. elle s'engage à livrer :

Registres.

		FR. CENT.	
1.	Livre des sociétaires	2 50	par unité.
2.	Journal-caisse	2 50	—
3.	Livre des emprunts contractés	2 50	—
4.	Livre des prêts accordés	2 50	—
5.	Livre des effets réescomptés	2 50	—
6.	Livre des risques en cours.	2 50	—
7.	Livre des déposants et des divers	2 50	—
8.	Livre des inventaires	2 50	—
9.	Livre des délibérations.	2 50	—
10.	Copie-lettres	2 50	—

NOTA.— Le prix de ces registres pris par quantités subirait une notable diminution.

Imprimés.

		FR. CENT.	
1.	Demande pour devenir sociétaire	2 »	le cent
2.	Certificat de parts sociales	2 »	—
3.	Demande d'emprunt	2 »	—
4.	Demande de réescompte	2 »	—
5.	Billet à ordre pour emprunt	2 »	—
6.	Billet à ordre pour prêt	2 »	—
7.	Carnet de compte courant.	5 »	—
8.	Reçu de bon à échéance	2 »	—
9.	Situation et bilan	2 »	—

NOTA.— Diminution très sensible par plus grande quantité,

TABLE DES MATIÈRES

PAGES.

Avant-propos 5

Introduction. 7

CHAPITRE PREMIER.

Situation du crédit agricole en France au moment où fut déposé le projet de loi de 1892. — Esprit de cette loi. — L'opposition à une banque centrale. — La transformation du projet. — Plus de banque centrale, mais des caisses régionales. — Critiques soulevées par la nouvelle loi. — Son examen par le Congrès d'Angoulême. — La discussion devant le Sénat. — Les sources nourricières du crédit agricole : sources naturelles, sources artificielles. — Affranchissement des caisses régionales par les sources naturelles du crédit. . . . . 11 à 26

CHAPITRE II..

Comment appliquer la nouvelle loi. — Son but devrait être de faciliter les débuts des sociétés locales. — Supériorité des caisses d'épargne et des banques populaires comme organismes régionaux. — L'appui de l'État doit être considéré comme temporaire. — Bases de la nouvelle législation. — Alliance de plus en plus étroite des syndicats avec les caisses agricoles. — Formation du capital des caisses régionales. — Leur circonscription territoriale. — Les dépôts : comptes-courants, bons à échéance. — Proportion légale des dépôts avec le portefeuille ; ses inconvénients. — Les opérations les plus fréquentes . . . . 27 à 36

CHAPITRE III.

La gratuité des avances. — Affectation des bénéfices qui en dérivent à la constitution d'un fonds de réserve spécial et compensateur. . . . . 37 à 38

CHAPITRE IV.

Fondation d'une caisse régionale. — Formation du capital. — Sa variabilité. — Modèle de statuts. — Formalités à remplir. — Règlement d'administration. . . . . . . 39 à 60

CHAPITRE V.

La comptabilité des caisses régionales de crédit agricole mutuel. 61

Registres et imprimés :

1º Livre des sociétaires. 62

2º Journal-caisse 64

3º Livre des emprunts contractés. 67

4º Livre des prêts accordés 67

5º Livre des effets réescomptés 69

6º Livre des risques en cours. 70

7º Livre des déposants et des divers 7J

Balance mensuelle des écritures 72

Vérification mensuelle du compte des déposants et des divers. 73

8º Livre des inventaires 74

9º Livre des délibérations 78

10º Copie-lettres. 78

Report à nouveau des comptes sur le Journal-caisse 79

Imprimés :

1º Demande pour devenir sociétaire 81

2º Certificat de parts sociales. 82

3º Demande d'emprunt 84

4º Demande de réescompte. 85

5º Billet à ordre pour emprunt contracté 86

6º Billet à ordre pour prêt accordé 86

7º Carnet de compte courant 87

8º Reçu de bons à échéance 88

9º Modèle de bilan 89

Tableau pour faciliter le calcul des intérêts. 90

CHAPITRE VI.

Des rapports des caisses régionales avec les caisses locales . . . . 91 à 94

CHAPITRE VII.

Inspection et contrôle.

a) caisses régionales. 95

b) caisses locales 98

Plan d'inspection 103

ANNEXES.

A. Loi du 5 novembre 1894 111

B. Loi du 31 mars 1899. 112

C. Rapport fait au nom de la Commission chargée d'examiner le projet de loi, adopté par la Chambre des Députés, ayant pour but l'institution des caisses régionales de crédit agricole mutuel et les encouragements à leur donner ainsi qu'aux sociétés et aux banques locales de crédit agricole mutuel, par M. Victor Lourties, sénateur 113

D. Texte de la déclaration faite par M. Gonin, sénateur, président de la Commission chargée d'examiner le projet de loi, adopté par la Chambre des députés, ayant pour but l'institution des caisses régionales et les encouragements à leur donner ainsi qu'aux sociétés et aux banques locales de crédit agricole mutuel 137

E. Résolutions votées par les dix congrès du crédit populaire et agricole 137

F. Résolutions des congrès des syndicats agricoles tenus à Angers en 1895 et à Orléans en 1897 142

G. Instruction de la direction générale de l'enregistrement sur les dépôts au greffe 142

H. Circulaire du Centre fédératif aux syndicats agricoles. 144

I. Circulaire du ministre de l'Agriculture aux préfets sur l'interprétation de la loi du 31 mars 1899 145

J. Modèle de situation mensuelle. 146

K. Modèle de bilan annuel 147

L. Tableaux annuels à déposer au greffe. 151

IMPRIMERIE COOPÉRATIVE MENTONNAISE

RUES PRATO ET ARDOINO

MENTON (ALPES-MARITIMES)

—

1899

EXTRAIT DU CATALOGUE

I. **DIX JOURS DANS LA HAUTE ITALIE** (*Crédit populaire — Épargne — Coopération*), par M. Léon Say. — 2ᵉ édition. — Précédée d'une lettre de l'auteur et d'une réponse de M. Eugène Rostand. Un volume in 18, Prix, ... fr. 3 50

II. **MANUEL DES BANQUES POPULAIRES**, par M. Charles Rayneri, vice-président du Centre Fédératif du crédit populaire en France. Un volume grand in-4°, Prix.. fr. 5 »
vendu au profit du Centre Fédératif du Crédit populaire en France.

III. **LE CRÉDIT AGRICOLE PAR L'ASSOCIATION COOPÉRATIVE,** manuel à l'usage des promoteurs et administrateurs d'associations de crédit agricole (par le même). — 2ᵉ édition.......................... fr. 1 50
vendu au profit du Centre Fédératif du crédit populaire en France.

IV. **PREMIER CONGRÈS DU CRÉDIT POPULAIRE** (associations coopératives de crédit), tenu à Marseille du 2 au 5 mai 1889 (*Actes du Congrès*). Un volume in-8°, Prix......,..................................... fr. 3 »

V. **DEUXIÈME CONGRÈS DU CRÉDIT POPULAIRE** (associations coopératives de crédit), tenu à Menton du 14 au 17 avril 1890 (*Actes du Congrès*). Un volume in-8°, Prix....................................... fr. 4 50

VI. **TROISIÈME CONGRÈS DU CRÉDIT POPULAIRE** (associations coopératives de crédit), tenu à Bourges du 6 au 9 avril 1891 (*Actes du Congrès*). Un volume in-8°, Prix.. fr. 4 50

VII. **QUATRIÈME CONGRÈS DU CRÉDIT POPULAIRE** (associations coopératives de crédit), tenu à Lyon du 4 au 7 mai 1892 (*Actes du Congrès*). Un volume in-8°, Prix.................................. fr. 4 50

VIII. **CINQUIÈME CONGRÈS DU CRÉDIT POPULAIRE** (associations coopératives de crédit), tenu à Toulouse du 5 au 8 avril 1893 (*Actes du Congrès*). Un volume in 8°, Prix................................... fr. 5 »

IX. **SIXIÈME CONGRÈS DU CRÉDIT POPULAIRE** (associations coopératives de crédit), tenu à Bordeaux du 30 avril au 4 mai 1894 (*Actes du Congrès*). Un volume in-8°, Prix........................... fr. 5 »

X. **SEPTIÈME CONGRÈS DU CRÉDIT POPULAIRE** (associations coopératives de crédit), tenu à Nîmes du 12 au 16 mai 1895 (*Actes du Congrès*). Un volume in-8°, Prix...................................... fr. 5 »

XI. **HUITIÈME CONGRÈS DU CRÉDIT POPULAIRE** (associations coopératives de crédit), tenu à Caen du 12 au 16 mai 1896 (*Actes du Congrès*). Un volume in-8°, Prix...................................... fr. 5 »

XII. **NEUVIÈME CONGRÈS DU CRÉDIT POPULAIRE** (associations coopératives de crédit), tenu à Lille du 4 au 7 avril 1897 (*Actes du Congrès*). Un volume in-8°, Prix...................................... fr. 5 »

XIII. **DIXIÈME CONGRÈS DU CRÉDIT POPULAIRE** (associations coopératives de crédit), tenu à Angoulême du 3 au 9 novembre 1898 (*Actes du Congrès*). Un volume in-8°, Prix................................ fr. 5 »

XIV. **L'ACTION SOCIALE PAR L'INITIATIVE PRIVÉE**, avec des documents pour servir à l'organisation d'institutions populaires et des plans d'habitations ouvrières, par M. Eugène Rostand, membre de l'Institut. Un volume grand in-8°, Prix.. fr. 15 »

XV. **UNE VISITE A QUELQUES INSTITUTIONS DE PRÉVOYANCE EN ITALIE**, (par le même). Un volume in-8°, Prix.................... fr. 5 »

XVI. **LA RÉFORME DES CAISSES D'ÉPARGNE FRANÇAISES**, (par le même), 2 volumes in-8°, Prix... fr. 10 »

XVII. **BULLETIN DU CRÉDIT POPULAIRE — REVUE MENSUELLE** (Banques populaires — Caisses agricoles — Syndicats agricoles — Caisses d'épargne) publié par le Centre Fédératif du crédit populaire sous la direction de M. Charles Rayneri. — Abonnement par an.................. fr. 8 »